苹果主要病虫害
田间诊断及绿色精准防控技术

郭云忠　著

U0340384

陕西新华出版传媒集团
陕西科学技术出版社
Shaanxi Science and Technology Press
——西　安——

图书在版编目（CIP）数据

苹果主要病虫害田间诊断及绿色精准防控技术 / 郭云忠著. —西安：陕西科学技术出版社，2021.10

ISBN 978-7-5369-8205-5

Ⅰ.①苹… Ⅱ.①郭… Ⅲ.①果树—病虫害防治—无污染技术 Ⅳ.① S436.6

中国版本图书馆 CIP 数据核字（2021）第 157619 号

苹果主要病虫害田间诊断及绿色精准防控技术

郭云忠 著

责任编辑　孟建民

封面设计　前　程

出 版 者　陕西新华出版传媒集团　　陕西科学技术出版社
　　　　　西安市曲江新区登高路 1388 号陕西新华出版传媒产业大厦 B 座
　　　　　电话（029）81205187　传真（029）81205155　邮编 710061
　　　　　http://www.snstp.com

发 行 者　陕西新华出版传媒集团　　陕西科学技术出版社
　　　　　电话（029）81205180　81206809

印　　刷　陕西天地印刷有限公司

规　　格　890mm×1240mm　32 开本

印　　张　6

字　　数　140 千字

版　　次　2021 年 10 月第 1 版
　　　　　2021 年 10 月第 1 次印刷

书　　号　ISBN 978-7-5369-8205-5

定　　价　48.00 元

前　言

苹果树是我国北方地区栽植面积最大的落叶果树,截至 2019 年,我国苹果的栽培面积约 197.85 万 hm^2,产量约 4 242.5 万 t。苹果也因此成为北方各栽植区的支柱产业,在增加农民收入、致富奔小康等方面发挥着重要作用。

随着苹果产业的快速发展,特别是规模化连片栽植的不断扩大,病虫害问题将会愈来愈突出,成为苹果产业可持续发展的最大障碍。苹果树病虫害种类繁多,危害严重,在渭北苹果产区,常年发生严重的病虫害有 10 余种,如苹果腐烂病、苹果轮纹病、苹果褐斑病、苹果斑点落叶病、苹果炭疽叶枯病、苹果锈病、苹果白粉病、金纹细蛾、梨小食心虫、苹果黄蚜、苹果卷叶蛾、桃小食心虫、红蜘蛛、金龟子等,可为害苹果叶、芽、花、果实、枝干等各个器官,给苹果生产造成巨大的经济损失。

目前,在初次建园发展苹果的地区,许多群众对病虫害的认识不足,田间诊断病虫害的能力欠缺,对防治技术掌握不够,特别是对众多农药品种的特性了解严重不足,致使在防治病虫害过程中盲目性较大,防治效果不佳,甚至因用药不当,造成药害,反而加大了病虫害造成的损失。在发展苹果较早的地区,依然有果农或技术人员对病虫害发生发展的规律认识不到位,而且对减药减量、保护环境、维护果品安全的意识淡薄，一味地强调预防为主、盲目用药，加大单次用药的种类、数量和浓度，致使化学农药的使用次数不断增加、果树害虫抗药性愈发突出，防治难度加大。为此，作者编著了《苹果主要病虫害田间诊断及绿色精准防控技术》一书，以求帮助大家克服防治苹果病虫害过程中的技术障碍。

本书包括苹果病虫害的基本知识、田间诊断技术、病虫害发生发展的规律及各自独特的特点、果园常用的化学农药品种及属性、各种病虫害的绿色精准防控技术等。一方面帮助苹果新栽地区的技术干部、农友正确辨识病虫害，了解病虫害的发生特点以及怎样安全有效的防治，另一方面帮助老果区的技术干部和果农树立安全意识、环境意识和经济意识，了解病虫害发生的最新特点、新型农药的使用技术和病虫害绿色精准防治技术，最大限度地发挥农业防治、物理防治和生物防治作用，关键时期使用安全、高效、低毒化学药剂，减少农药的使用剂量和使用次数，将病虫害控制在经济允许水平以下。

本书以"病虫种类多，内容精、插图多"为写作原则，力争使生产一线的农技干部和果农在最短的时间获取最多的病虫害知识和技术，实现对病虫害的绿色精准防控。

对于书中不当之处，欢迎批评指正。

郭云忠

2021 年 4 月

目录

第一章

苹果病害及田间诊断

据《中国果树病虫志》（第二版）记载，国内苹果病害有 117
种，包括真菌病害 84 种，细菌病害 2 种，病毒病害 8 种，线虫病害
14 种，非侵染性病害 9 种。其中发生比较普遍，为害严重的有十余种。
苹果树腐烂病是发生面积最大、为害最严重的枝干病害，轻者死树，
重者毁园。苹果轮纹病既为害枝干，又为害果实，重病年果园烂果
达 20% ～ 40%。以褐斑病、斑点落叶病为代表的苹果叶部病害已成
为常发性病害，重病年常常导致严重的早期落叶。炭疽叶枯病作为
一种新病害，近年来扩展很快，给各地栽培的嘎啦、金冠及其后代
品种造成很大损失。根部病害主要是在部分果园严重发生的园斑根
腐病。系统侵染的病毒类病害，苹果花叶病发生最为普遍。

总之，苹果病害已成为苹果丰产优质的重要限制性因素，了解
苹果病害的性质、田间诊断技术、发生规律及防治方法，是进一步
提高苹果产量、品质、食用安全及投资效益的关键。

一、苹果病害的概念

苹果树是一种落叶乔木，树冠高大，寿命长，即使在人工栽培

条件下，其生命周期也长达 15 ～ 50 年。在长期的生长发育过程中，苹果树会遇到各种各样的挑战和威胁，如不良的土壤结构、水分供应的缺乏、不良的大气物理环境和化学环境、有害生物的侵袭及破坏，等等，结果导致苹果树正常的生长发育受到影响，甚至树体死亡。苹果树由于受到病原生物或不良环境条件的持续干扰，其正常的生理功能遭到严重影响、生长发育明显受阻，并在生理上和外观上出现异常，造成经济损失甚至死亡，这种偏离了正常状态的现象，就是苹果树发生了病害。

苹果树发生病害后，树体局部或整体的生理活动或生长发育出现异常，表现出明显的病理变化过程，既包括细胞水平的变化，使树体各种代谢活动和酶活性发生明显改变；还有组织器官水平的异常，使树体外表出现肉眼可见的变色、坏死、腐烂等病变，或树体局部出现粉状物、霉状物等。

苹果病害是苹果生长发育过程中出现的一种正常的自然现象，人们通过对病害的研究，已能够将病害控制在一定的损失范围内。

二、苹果病害防治的重要性

苹果发生病害后，直接影响它的正常生长发育，间接地影响苹果的产量和果品的品质以及果区农民的致富奔小康。苹果腐烂病自 1916 年在我国发生以来，已历经 5 次大流行。第一次于 1948—1953 年在辽宁大发生，发病株率达 60%，造成 100 万株大树死亡。1960—1963 年腐烂病再次在辽宁果区发生，病株率在 55.9% ～ 63.7% 之间，这次病害造成 24.4 万株大树死亡。1976 年苹果腐烂病在渤海湾、黄土高原和黄河故道区大面积发生，病株率分别达到 20% ～ 70% 和 15% ～ 20%，使不少果园毁掉。1985—1987

年苹果腐烂病第四次在全国苹果产区大范围发生，使辽宁在解放前栽植的苹果园基本上毁园，使西北果区 1958 年前后栽植的大树也大多死亡。2005 年该病又在全国苹果产区第五次大流行，平均患病株率在 50% 以上，死树、毁园在各地时有发生。截至目前，苹果腐烂病依然没有得到有效控制。

苹果炭疽叶枯病自 2009 年在我国河南焦作嘎啦苹果上首次出现后，几年间已扩散蔓延至山东、河北、山西、陕西等苹果产区，严重威胁到当地嘎啦、金冠以及它们的后代品种。近年来该病使不少地方的这类苹果树在采收前叶片大量提前脱落，造成严重减产甚至绝收。

苹果轮纹病是既为害枝干，又为害果实的病害，在华北、东北、华东果区尤为严重，在防治不及时的非套袋果园，烂果率高达 70%～80%。2011 年在陕西渭北果区，没有及时防治的非套袋果园中果实轮纹病烂果率平均 2.9%，时隔 6 年后的 2017 年，部分非套袋果园的轮纹病烂果率已达到 76.3% 之多，扩展之快令人吃惊。

2011 年 10 月在陕西渭北一户管理粗放的非套袋果园调查中发现，该果园苹果褐斑病、苹果锈病、煤污病、轮纹病、炭疽病及梨小食心虫等有不同程度发生，其中，褐斑病发病叶率 100%，煤污病果 100%，果实轮纹病 2.9%，炭疽病 3.13%，锈病 1.45%，梨小食心虫 10.05%，平均单果重下降 59.34 g，平均减产 54.03%。仅凭煤污病对果面的影响，果实就毫无商品性。因此，正确认识苹果病害，并采取切实可行的措施控制病害，具有重要的经济意义和深远的社会影响。

三、苹果发生病害的原因

栽植后生长和发育正常的苹果树，在某一时段正常的生长发育受阻、发生病害，原因可能是多方面的，既有不适宜的环境因素，如多种物理因素与化学因素，还有外来的生物因素，即病原生物，这些生物的种类很多，有动物界的线虫和原生动物，有植物界的寄生性种子植物，有菌物界的真菌和黏菌，有原核生物界的细菌和放线菌，还有病毒界的病毒和类病毒。由于它们的侵染，使得苹果树正常的生理程序遭到干扰和破坏，生长和发育明显受阻，致使产量降低，品质变差，甚至死亡。这种由病原生物侵害苹果树引起的病害称为侵染性病害。

外界环境条件的恶化，也会对苹果树造成不利的影响甚至伤害，诸如使用了不适当的化肥、农药，造成叶片或果实伤害，出现肥害或药害；肥料元素的供应不足，引起缺素症；大气温度的过低引起冻害等，这种由于生态环境变劣，导致苹果树无法适应或忍耐而出现的病害，称为非侵染性病害。

除此之外，苹果树自身的遗传因子出现异常，也会使得树体部分或整体不能正常生长，出现病害。

四、苹果病害的类型

病因不同，引起的病害形式也不同，同一品种的苹果树，可能会同时发生多种病害。苹果病害像其他植物病害一样，有多种划分方法。按照病原生物类型可分为真菌病害、细菌病害、病毒病害、线虫病害等；按照苹果树受害的部位可分为根部病害、叶部病害、枝干病害、果实病害；按病害症状类型可分为腐烂型病害、坏死型病害、变色型病害等；按照病害的传播方式又可分为种传病害、土传病害、气传病害和介体传播病害等。其中最实用也是最客观的还是根据病因类型来划分的方法，这种分类法既可以知道发病的原因，又能知道病害发生的特点和应采取的防治对策等。按照这一分类方法，苹果病害可分为侵染性病害和非侵染性病害两类。

（一）侵染性病害

侵染性病害是由病原生物侵染造成的，这类病害能够在果树个体间蔓延传染，在田间有明显的发病中心。主要包括以下类群：

（1）由真菌侵染引起的真菌病害，这一类群种类数量最多，如苹果腐烂病、苹果轮纹病、苹果干腐病、苹果白粉病、苹果褐斑病、苹果斑点落叶病、苹果锈病、苹果霉心病、苹果炭疽病、苹果炭疽叶枯病等。

（2）由细菌侵染引起的细菌病害，如苹果根癌病、细菌性泡斑病等。苹果树上细菌性病害发生较少，其侵染传播的危害程度也不及真菌性病害迅速。

（3）由病毒侵染引起的病毒病害，如苹果花叶病、苹果锈果病等。

（4）由寄生性植物引起的寄生植物病害，如菟丝子。

（5）由环节动物线虫侵染引起的线虫病害，如苹果根结线虫病。

（二）非侵染性病害

非侵染性病害是由于外界环境条件的恶化或自身遗传因子发生变化引起的，这类病害在植株间不会传染，在田间发病比较均匀。

（1）物理因素恶化所引起的病害，包括气温过高或过低引起的灼伤和冻害，如果实日烧、花器冻害、幼果霜环病等；还有极端天气现象造成的冰雹以及土壤水分的过少与过多造成的旱涝伤害。

（2）化学因素恶化所引起的病害，如化肥施入过多引起的肥害和施入不足造成的缺素症，还有化学农药的使用不当所造成的药害以及果园土壤被有毒物质污染引起的病害。

（3）苹果树自身遗传因子引起的遗传性生理性病害，如白化苗。

五、苹果病害的症状

苹果树在遭受病原生物或不良环境因素的影响干扰后，其内部的生理活动和外观的生长发育会出现某些异常状态。细胞水平的变化，会导致各种代谢活动和酶活性发生改变，这种变化借助仪器可以检测到，而且会进一步发展到组织水平和器官水平，形成我们肉眼可见的异常状态，即症状。

苹果树的根、茎干、叶片、花、果实都会受到病原生物的侵染，并表现出不同的症状，苹果树患病后，症状既可表现在树体内细胞形态或组织结构的变化，也可以在树体外部，出现我们肉眼看得见的病变。这种外部病变常见的有变色、坏死、萎蔫、腐烂和畸形等。随着病害的发展，有时候还会在这些病变处再出现病原物自身发育成的丝状物、霉状物、粒状凸出物或粉状物。苹果树被病原物侵染患病后，自身的器官组织出现病变而表现出的症状习惯上称病状，而在病部出现的病原物的子实体，则称为病征，如真菌菌丝体、孢子器、霉状物、黑粉、白粉等。

（一）病状的类型

苹果病害常见的病状有变色、坏死、萎蔫、腐烂和畸形 5 大类型。

1. 变色

苹果树发病后，由于病部细胞内的叶绿素被破坏，致使树干、叶片或果实的颜色部分或全部出现均匀的或非均匀地变淡，常见的有退绿、黄化、白化、红化及斑驳、花叶、花脸等（图 1-1 至图 1-6）。变色只是植物颜色发生不正常改变，而细胞并未坏死。

图1-1　斑驳　　　　　图1-2　花脸　　　　　图1-3　花叶

图1-4　黄化　　　　　图1-5　退绿黄化　　　　图1-6　白化

2. 坏死

坏死是细胞和组织的死亡。坏死出现在不同的部位，表现出的症状也不相同。叶片上的坏死（图1-7）为叶斑或叶枯；树干上的局部坏死为溃疡或病瘤；花器的坏死为花腐；果实的坏死为枯死斑（图1-8）。

图1-7　叶片坏死

图1-8　果面局部坏死

3. 腐烂

苹果树在感染病害后，根、茎、叶、花、果实等器官组织出现较大面积的分解和破坏。腐烂有干腐、湿腐和软腐之分，腐烂过程中若树体组织中的水分能及时蒸发，则病部表皮干缩形成干腐；若组织的解体很快，腐烂组织不能及时失水则形成湿腐；软腐是病原物分泌的果胶酶把植物细胞间的中胶层溶解了，使细胞离散并且死亡，而病部表皮并不破裂。根据腐烂症状发生部位，可分为花腐、果腐（图1-9）、茎腐、基腐、根腐和枝干皮部腐烂（图1-10）等。

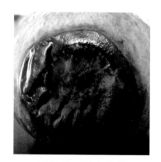 

图1-9 果实腐烂　　　　　　　图1-10 枝干腐烂

图1-11 萎蔫

4. 萎蔫

苹果树的根部或枝干维管束组织受到病原物的侵染，使水分的输导受到阻碍而致叶片枯萎的现象。萎蔫是由真菌或细菌引起的，有时植株受到急性旱害也会发生生理性枯萎（图1-11）。

5. 畸形

苹果树感染病害后，受病原物产生的激素类物质的刺激，引起细胞组织生长过度或不足而成为畸形（图 1-12 至 1-15）。常见的有增生型和减生型两种。

图 1-12 叶片畸形

图 1-13 果实畸形

图 1-14 新梢增生型

图 1-15 根部增生型

增生型：病组织的薄壁细胞分裂加快，数量迅速增多，局部组织出现肿瘤或癌肿、丛枝、发根等。

减生型：病部细胞分裂受到抑制，发育不良，造成植株矮缩、矮化、小叶、小果、卷叶等。

6. 流胶

苹果树受到病原物侵染后在枝干局部出现树脂或树胶状物质流出，即为流胶病（图 1-16）。流胶病的病原较为复杂，有

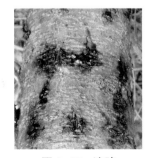

图 1-16 流胶

侵染性的，也有非侵染性的。

（二）病征类型

苹果树遭受病原菌侵害后，除表现以上的病状外，在其发病部位会伴随出现其病原物形成的特征性结构，即病征。不同的病害，病征的型式、颜色、结构等变化较大。常见的有：

1. 霉状物

病原菌在发病部位产生不同颜色的丝状霉层。如苹果斑点落叶病为害后的叶部病斑及烂果表面的腐生物（图1-17）。

图1-17　霉状物

2. 粉状物

某些真菌在发病部位产生不同颜色的粉状物，这是病原孢子密集地聚集在一起所表现的特征。常见的有白粉、红粉、黑粉等。如苹果白粉病（图1-18）。

3. 粒状物

病原真菌在病部产生的一些数量不等的黑色、褐色粒点状物，多为病菌的繁殖体。如苹果炭疽病、苹果褐

图1-18　粉状物

斑病、苹果腐烂病等病斑表面处的粒点状物（图1-19）。

图1-19 粒状物

4. 线状或颗粒状物

病原真菌在病部产生的线状结构或颗粒状结构。如苹果紫纹羽病在根部形成的紫色的线状物（图1-20）；苹果白绢病在茎基部形成的黑褐色颗粒状物。

5. 锈状物

病原真菌在病部所表现出的黄褐色锈状物。如苹果锈病（图1-21）。

6. 伞状物

病原担子菌在病部产生的蘑菇状子实体（图1-22）。如苹果根朽病在根部产生的伞状物。

7. 脓状物

病原细菌在病部产生的脓状物黏液（图1-23），这是细菌病害特有的特征性结构。

图1-20 线状物　图1-21 锈状物　图1-22 伞状物　图1-23 脓状物

六、病害的发生与发展

病原菌侵染寄主的过程，也是其自身发育繁殖的过程，是病原物生活在鲜活苹果树上获得生存所需的营养物质的过程，这种病原物也称为寄生物。不同的病原寄生物从苹果这一寄主的细胞与组织中获取营养的能力有强有弱，对苹果的致病性，即对苹果的破坏和毒害能力也有强弱之分。

苹果病害 80% 以上是由真菌引起的，真菌的发育由营养和繁殖两个阶段构成，其营养体为纤细的菌丝体，其繁殖既有无性繁殖，也有有性繁殖。无性繁殖的子实体有分生孢子梗、分生孢子囊、分生孢子盘和分生孢子器；有性繁殖的子实体有闭囊壳、子囊壳、子囊盘和担子果，这些无性及有性的子实体均是产生孢子的器官，也均由菌丝分化而来。在一个生长季节，沉降在树体表面的病原孢子萌发后经过一定途径侵入苹果寄主体内，从寄主组织中吸取营养物质，建立起寄生关系，然后在寄主体内蔓延扩展，使苹果树发生生理和形态上的改变，表现出症状。

细菌是单细胞生物，大小在 1 ～ 3μm，呈球状、棒状或螺旋状，细菌的细胞有固定的细胞壁和原生质膜，为害寄主时从伤口进入，在寄主体内吸取营养物质，采用裂殖方式繁殖，造成溃疡、根癌和穿孔症状。

病毒是一种专性寄生物，呈球状、杆状、多面体状等，体积比细菌还小，只有蛋白质外壳包裹的核酸，无细胞核结构，从伤口进入树体内，造成花叶、花脸、锈果及畸形等症状。

在种子植物中，存在少数依靠其他植物生存的寄生物，它们属严格寄生，根退化形成特殊的吸器，深入寄主木质部，与寄主导管相连，吸取寄主的水分和矿物质供自己利用。果树受害后，主要表现为落叶、落果、顶枝枯死、叶面缩小，开花延迟或不开花，甚至不结实，还导致植株矮小、黄化，严重时全株枯死。

线虫是一种环节动物门动物，为害苹果的是专性寄生种类，只能在活组织上取食，个体体长不足 1mm，依靠口针咬破苹果树根表皮进入根内，造成丛根、肿瘤、坏死、腐烂以及苹果树生长衰弱。

（一）病原菌的侵染过程

病原菌的侵染过程是指病原物与苹果的某个器官接触，再侵入树体内并导致发病的过程。侵染过程包括接触、侵入、潜育和发病4个阶段。在一个生长季节，病原物从休眠场所向寄主生长场所移动，从苹果树的自然孔口、伤口或表皮穿透侵入，与其建立寄生关系，病原物进一步地从寄主夺得生存条件，在寄主体内扩展，最终导致苹果树在生理和组织上出现病变，并引起外部形态上的变化。

在侵入过程中还存在一些病原物侵入寄主后，由于寄主（苹果树）的抗病性或环境条件不适宜，结果病原菌不扩展发病，呈潜伏状态，待诱发病害的因素出现，病原物从潜伏状态再度转为活动状态，引起发病。这种侵染称为潜伏侵染。如苹果树腐烂病即为这种类型。

（二）病原菌的侵染循环

在苹果树的一个生长周期中，许多病害能进行多次再侵染，使病情不断发展，最终病原物还会以一定的方式越冬或越夏，再准备下一个生长季节重复发病。

病害从上一个生长季节开始发病，再到下一个生长季节再度发病的全过程称为侵染循环。研究病害侵染循环是制订有效防治措施的根据。

1. 侵染来源

能提供病原菌的场所即为侵染来源，对于苹果病害，田间病株、种子、苗木、落叶、落果及土壤都能称为病原菌的来源。

2. 初侵染

在苹果年生长周期内，由越冬的病原物引起的第一次侵染称为初侵染。

3. 再侵染

初侵染发病的苹果树产生的病原物繁殖子实体通过传播侵染同一生长季节的苹果树，这种侵染即为再侵染。

4. 越冬

随着苹果树的休眠，病原菌也以某种形态转入休止期，为来年病菌的初侵染提供菌源。

5. 病原菌的传播

病原菌要扩展蔓延，实现从生成的地方向新的侵染点转移，通常借助风、气流和雨水、农事操作以及种子、昆虫来被动传播。当然，人类的商业活动也能将病原物传播，特别是远距离长途传播。

七、影响病害发生的因素

苹果园发生病害是一种必然存在，任何病害都是在适宜的环境条件下，病原菌与寄主苹果树相互斗争的结果，在斗争中足够数量和强致病性病原菌克服了寄主抗病性的阻碍，使苹果树在生理和组织上发生了病变，受到了伤害，从而造成了经济损失。病原菌的数量和致病力、苹果树抗性的强弱和环境条件是否适合是病害发生和流行的 3 个基本因素，苹果园的任何一种病害在生长期内的发生与流行都必须至少满足这 3 个条件。

　　果园中具有强致病力的病原菌的大量存在是病害发生和流行的基本条件，只有适宜侵染部位的病原物达到足够数量，才能与寄主建立起寄生关系；感病的苹果树群体的大量存在对病原物的越冬、侵染、繁殖和传播非常有利，能在短时期内哺育出庞大的病原菌群体。如果栽培品种的抗性较高，那么即使寄主的数量再多，也难以培养出足够量的病原菌来威胁寄主。但树体的抗病性是受环境条件影响的，在具备致病性的病原物和感病寄主条件下，环境条件就会成为是否发病的主导因素，果园的日常管理措施如修剪、施肥、种植密度、挂果量等都会使某种苹果树的抗病性不同程度地增强或削弱。如偏施氮肥会造成营养生长过旺，树体抗病力下降；挂果量过多，会严重削弱树势，直接导致抗病性的降低；修剪过重，会导致次年大量抽生枝梢，削弱树势。温度、湿度、光照、气流的通透性等生态条件，会影响病原物的侵染、繁殖、传播和越冬，如湿度和降雨直接决定着病原菌孢子能否成熟、萌发和传播。

　　苹果及植物病害的大流行大多是人为因素干扰的结果，是人为造成的生态平衡失调的结果。在自然条件下的生态系统中，一地一境大多是多种植物交杂混生，互相隔离，植物种间、种内的异质性限制了病害的扩展与流行；而且环境中一些天然屏障有很好的隔离作用，所以任何病害难以大面积或大范围发生，病原物与寄主处于动态平衡状态。而现代苹果生产中，规模化栽植越来越多，特别是在苹果优生区几乎已无其他作物，只有连片的苹果树，而且品种比较单一，这使得苹果群体的遗传弹性非常窄小，抗病能力极差，一旦出现致病类群，便很容易建立起庞大的种群，再加之高密植、高氮肥的作务模式，更削弱了树体的树势，加大了病害流行的潜能。

八、苹果病害诊断

为了有效地防治苹果病害，查明病害的原因是关键，只有在确定了病原种类，即开展病害诊断的前提下，才能着手病害的防治。

（一）病害类型诊断

诊断首先要确定病害是属于侵染性病害，还是属于非侵染性病害。通常有以下 4 种方法。

1. 田间观察

非侵染性病害主要是由于果园的物理、化学因素恶化引起的，所以往往有全田普发的特点，在田间分布比较均匀，大多表现出全株性发病；而侵染性病害在田间分布不均匀，往往表现为由点到面，有明显的发病中心，然后向四周扩展蔓延，直至全园发病的过程，已发病的植株常常表现为植株局部出现症状，如根部坏死、叶部枯斑、果实或枝干腐烂等。

2. 症状鉴别

苹果病害大都具有固定的为害部位和相对稳定的典型症状或特征性症状。如苹果腐烂病主要为害枝干，造成枝干皮层腐烂；苹果枝干轮纹病，在枝干表面形成突起的病瘤，病瘤外围开裂；苹果斑点落叶病，主要为害幼叶，病斑外围有明显的紫色晕圈；等等。非侵染性病害的症状只有病状，没有病症，在患病部位看不到病原生物的迹象；而侵染性病害的症状，一般既有病状又有病症。

3. 解剖检验

侵染性病害有病理变化，即可以见到一定的病原物，因此通过对患病部位的解剖，可以帮助对病害的鉴别。如在苹果膨大中后期，对那些果面发黄、果重较轻甚至脱落的果实，纵向切开，就会发现果实心室中有灰黑色和粉红色的霉状物，且大部分果实果心及外围果肉霉烂，由此可判断为侵染性苹果霉心病；对春季表现萎蔫症状的苹果叶片，可剖开病部的枝条，看其维管束有无变色，或挖开患病枝条投影下的土壤，检查根部是否正常，若根系特别是须根变褐枯死，则可初步判断为病原菌引起的侵染性根腐病。

4. 环境调查

非侵染性病害是由非生物因素的异常引起的，如土壤矿质养分的过多引起的肥害或过少导致的缺素症；大气温度过高引起的日灼或过低引起的冻害；化学农药及化学制品使用不当造成的药害；或工厂废气排放导致的中毒、废水排放造成的土壤毒害；等等。通过调查，找出是否有病害相关的环境因素存在。还可调查同品种相邻果园是否有同类病害现象。

（二）病原种类确定

1. 非侵染性病害

在初步确定病害为非侵染性病害后，可进一步采用化学诊断法测定植株体内某种元素是否超标或缺乏，或开展人工诱发试验，查看是否有相同症状出现。对于缺素症，可直接进行校正治疗试验，看树体能否恢复。

2. 侵染性病害

在确定病害为侵染性病害后，必须进一步鉴定出它的病原物种类，才能作出正确的诊断。侵染性病害诊断中病原鉴定通常采用分离培养法，通过分离、纯化先得到病原菌的纯培养物，然后接种到原寄主上，观察其是否发生与最初分离时的相同症状，再从此显症部位分离，检查是否与第一次分离的分离物相同。这种方法即为柯赫氏准则，用来进行致病性测定，判断病害是否由该微生物引起。

第二章

苹果害虫及识别特征

在苹果树的生长发育过程中，经常会遭受多种害虫的危害，根据这些害虫的形态特征和对苹果树造成的为害症状辨别，它们是属于无脊椎动物、节肢动物门的类群。其中，主要的是昆虫纲的种类，其次为蛛形纲中的螨类。

根据《中国果树志·苹果卷》记载，为害苹果的害虫有348种，按其形态特征和习性分别隶属于昆虫纲的鳞翅目、鞘翅目、同翅目、半翅目等。螨类属于蛛形纲的蜱螨目。

作为苹果害虫的昆虫，身体分为明显的头、胸、腹3大体段。头部是感觉和取食的中心，如触角、单眼和复眼，以及用来取食的口器。胸部是运动中心，生有2对翅和分节的3对足。腹部是昆虫新陈代谢和生殖的中心，由9～11节组成，第1～8腹节两侧常具有气门1对，腹部末端几节具有外生殖器（图2-1）。螨类

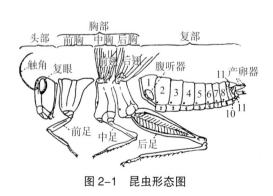

图 2-1　昆虫形态图

身体分节不明显，无翅，有 4 对足。

一、昆虫的个体发育及其生命特点

在昆虫的生命周期中，存在着形态不同的发育阶段。一些类群要经历卵、幼虫、蛹和成虫 4 个阶段，而另一些种类仅经历卵、若虫和成虫 3 个阶段。卵、幼虫、蛹和成虫 4 个阶段都有的发育方式称完全变态昆虫，如鳞翅目昆虫和多数鞘翅目昆虫，在这一发育类型中，幼虫和成虫在形态和生活习性上差别很大，幼虫的某些器官甚至消失或退化。而仅经历卵、若虫和成虫 3 个阶段的昆虫，称为不完全变态，其若虫和成虫在形态和生活习性方面较为相似，不同之处在于某些器官尚未发育完全，没有达到成熟状态，如同翅目和半翅目昆虫。

螨类一生也要经过形态不同的 4 个发育阶段，即卵、幼螨、若螨和成螨，其中进入若螨和成螨前要经历一个静止期，幼螨只有 3 对足，而若螨和成螨则发育成 4 对足，若螨与成螨相比，生殖器官尚未发育完全。

昆虫在卵期，表面没有变化，而内部却经历着胚胎的发育和变化，当发育完成后新个体便破卵壳而出。幼虫期，是昆虫大量取食和急剧生长的时期，虫体的长大是伴随着多次的蜕皮进行的，相邻两次的蜕皮所经历的时间称为龄期。蛹期是幼虫转变为成虫的过渡期，在这期间内部经历着多种生理生化过程，逐渐形成成虫的器官。成虫期是昆虫一生中的最后阶段，主要活动是交配产卵、繁殖后代，产卵结束后即是生命的终结。在昆虫类群中，也存在不经过雌雄交配即能产卵的单性生殖方式。

二、昆虫及害虫的取食方式

为害苹果树的害虫，由于其口器的构造和取食方式的不同，为害后会表现出各种各样的症状。

咀嚼式口器害虫，如食心虫、卷叶蛾等幼虫及天牛、金龟子、吉丁虫等的幼虫和成虫，利用口器直接咬食或切割叶片或木质部，造成为害部位破损。如金龟子把叶片咬的残缺不全；金纹细蛾钻入叶片上下表皮之间，取食叶肉；桃小食心虫钻洞进入果实，取食果肉。

刺吸式口器害虫，如蚜虫、介壳虫、蝽象和叶蝉，其口器成针状，直接插入苹果树幼嫩组织中，吸食树体汁液，造成受害部位出现细小的褪绿斑点，或因害虫口器中含有的植物生长调节物质，使受害部位出现畸形。如苹果黄蚜刺吸苹果嫩叶后形成的卷叶；苹果茶翅蝽刺吸果实后，受害部位出现的凹凸不平。

虹吸式口器害虫，如苹果吸果夜蛾，用口器刺吸果实的汁液，使受害果面造成许多小孔，随后失水成海绵状，严重时造成落果。

三、果园害虫的主要类别

在昆虫纲的33目中，常见的为害果树的主要有5个目，各个目的害虫，翅的质地、口器的类型、足的形状及变态类型，多不相同。

1. 鳞翅目

这是对苹果树等果树危害最大、种类最多的一个类群，包括蛾类和蝶类。如桃小食心虫、梨小食心虫等食心虫类，苹小卷叶蛾、顶梢卷叶蛾等卷叶蛾类，金纹细蛾、旋纹潜叶蛾、毛虫类、尺蠖、刺蛾类等，其成虫为"蛾"或"蝶"。体翅膜质、密被鳞片，鳞片多具不同颜色，成虫口器虹吸式；完全变态；幼虫多足型，口器咀嚼式，腹部第3～6节和第10节各有1对腹足。

幼虫期严重为害苹果树等，蛾、蝶成虫除吸果夜蛾外，是不为害的，大多取食花蜜。

2. 鞘翅目

主要包括金龟子科、天牛科、吉丁虫科和象甲科种类。前翅为角质硬化的鞘翅，后翅膜质。口器咀嚼式，大部分为全变态昆虫，幼虫多为寡足型，少数为无足型。

鞘翅目成、幼虫的食性复杂，有腐食性、粪食性、尸食性、植食性、捕食性和寄生性等。植食性种类有很多是农林作物重要害虫，金龟甲科的幼虫（蛴螬）等生活于土中，为害种子、根系和幼苗；天牛科和吉丁甲科的幼虫蛀茎或蛀干为害果树、林木等经济作物。常见的害虫有天牛、金龟子、吉丁虫、瓢虫、芫菁等。

3. 同翅目

果园中的蚱蝉（知了）、叶蝉、蚜虫、介壳虫、木虱等都属于这一目。这一目害虫形态变化较大，口器刺吸式，前后翅膜质或革质，透明、形状及质地相同，多数为渐变态，少数为过渐变态。有些蚜虫和雌性介壳虫无翅，雄性介壳虫只有1对前翅，后翅退化呈平衡棍。足跗节1～3节；尾须消失；多数种类为两性卵生，雌虫常有发达的产卵器，以产卵器切开植物枝条、叶片，在植物组织内产卵，可造成枝条枯死。蚜虫、介壳虫等无产卵器，进行孤雌胎生或孤雌卵生，若蚜或卵产于植物表面。许多种类有蜡腺，分泌蜜露，但无臭腺。

4. 半翅目

这一类统称"蝽"，很多种能分泌挥发性臭液，因而又叫臭虫、臭板虫。成虫体壁坚硬，扁平。体多为中形及中小形。翅2对，前翅为半鞘翅，基半部革质，端半部膜质，后翅膜质；刺吸式口器；前胸大、中胸小盾片发达；渐变态；多数种类具有臭腺。

果园常见的为害种类有梨网蝽、茶翅蝽、麻皮蝽等，以刺吸式口器刺吸果树幼枝、嫩茎、嫩叶及果实汁液。

5. 膜翅目

包括各种蚁和蜂。这一目害虫拥有2个透明的、膜一般薄的翅膀，对苹果等果树有害的种类较少，主要是捕食和寄生性的，许多是有益的种类，在害虫生物防治上有重要的作用。

翅膜质、透明，2对，翅质地相似，后翅前缘有翅钩列与前翅连锁，翅脉较特化；口器咀嚼式或嚼吸式；多数为全变态。常见的有害种类有叶蜂科的梨实蜂、茎蜂科的梨茎蜂、瘿蜂科的栗瘿蜂等。叶蜂科幼虫食叶，茎蜂科幼虫蛀茎，树蜂科幼虫钻蛀树木，瘿蜂科幼虫形成虫瘿等。

四、害虫的发生与环境的关系

在果园和周围的作物生产系统以及周边环境中，存在大量的昆虫。这些昆虫按与我们人类的经济关系分为有益昆虫、无害昆虫和害虫3类，从数量看，害虫只占很少一部分。

害虫的发生及发生程度首先受其繁殖力大小的影响，其次与越冬后的种群基数关系密切，除此之外，还与环境因子有很大的关系。环境因子包括人为因子和自然因子。

1. 人为因子

人为因子是指人在从事生产活动过程中对害虫的发生和害虫生存的影响。在苹果生活周期的任一阶段，可能同时存在几种害虫，人们的生产活动对单个害虫种类的影响往往不尽一致，如选择性杀虫剂喷施，对某些害虫可能是高效的，杀死了其种群的大多数，但对另一些种类可能效果较差，这样经过一定时期的累积，有些害虫可能会大发生，由次要种类上升为优势种类。菊酯类杀虫剂见效快、杀虫谱宽，对多种鳞翅目害虫高效，但在苹果周年生产中多次使用，会诱导害虫抗药性的产生和刺激果园红蜘蛛的发生，进一步引起果园昆虫区系的变化。

2. 自然因子

影响害虫发生的自然因子既有非生物的气象因子和土壤因子，还有限制害虫繁殖和生存的天敌因子。气象因子包括温度、湿度、光照及风雨，其中影响最大的是温度和水。温度能够影响害虫的活动、生长发育、繁殖、分布和生存，只有在一定的温度范围内害虫才能正常地生长发育，过高或过低都会引起害虫的停育或死亡。水是害虫生命活动的基本介质，在害虫的生长发育过程中，如果缺水，那么诸如孵化、蜕皮、化蛹、羽化等生命活动都将无法进行，甚至引起害虫死亡。在自然界，水或湿度来源于降雨，一年中降雨的时期、降雨的次数和降雨量对当年害虫发生的种类、数量、危害程度以及来年的发生量都有很大的影响。

土壤的温湿度及理化性质等主要影响害虫在土壤发育阶段的发育进度和出土数量。

果园害虫在生长发育过程中，还会受到周围环境中存在的捕食性和寄生性昆虫、病原微生物、螨类以及鸟兽的限制和制约。在自然环境中，由于受天敌生物的制约，害虫的发生往往处于不爆发成灾的水平。果园常见的捕食性昆虫有瓢虫、草蛉、食蚜蝇等；寄生性昆虫有姬蜂、茧蜂、赤眼蜂、寄生蝇等。致病微生物主要是细菌，如对鳞翅目、鞘翅目和半翅目害虫的幼虫有很好寄生效果的苏云金杆菌（BT）、白僵菌等。寄生害虫的病毒也有多种，如核型多角体病毒。

五、害虫的预测预报

预测预报是根据果园害虫的发生流行规律，来分析和推测未来一段时间内害虫分布扩散和为害趋势。对果园害虫的预报主要是采用观察和实验的方法对其发生期和发生量进行预测。

1. 发生期预测

目前开展的主要是短期和中期的预测。采取的方法有物候法、发育进度法和有效积温法。物候法是基于长期对寄主植物的物候和害虫发育期的观察分析，总结出二者间的对应关系，来指示害虫的发生期。发育进度法是指采用田间调查或利用性引诱剂等方法来观察害虫的发育进度。有效积温法就是以害虫发育的总积温和发育起点温度为标准值，根据当地的气象条件，通过计算获得害虫的发育天数，最终对害虫的发生期做出预测。

2. 发生量预测

主要包括生命表预测法和相关回归分析法，这2种方法都是建立在对某种害虫的长期观察研究基础上进行的。生命表就是对引起害虫种群死亡原因的系统调查，通过至少5年的调查分析，明确影响种群消长的关键虫态和决定性因子，从而对害虫发生量做出预测。相关回归分析法就是对多年的虫情资料和当地的气象资料进行分析，找出与害虫发生期和发生量相关的气象因子，建立相关性回归方程，最终对害虫的发生期和发生量做出预测。

第三章

苹果病虫害防治策略与基本技术

　　苹果病虫害是苹果栽培过程中遇到的必然存在，是果农获取经济效益的最大障碍。当前，高质量果品是市场和消费者的最大追求，病虫果、高农药残留果不仅进入不了国际市场，而且将很快被挤出国内市场。防治苹果病虫害，制订防治策略，既要考虑当前的防治效果，又要注意对果品、对果树、对环境的安全性和长远影响，还要考虑生产成本，注重经济效益。同样，制订一个防治措施，也要全面考虑，从苹果生产的全局出发，根据各种病虫害的发生规律，制订科学、合理、切实有效的综合防治计划，同时考虑其安全无害性和经济可行性。基于这样的要求，防治苹果病虫害必须坚持综合治理的策略。

　　"预防为主，综合防治"是我国植物保护工作的总方针，也是苹果病虫害防治的总方针。这个方针从农业生产的全局和农业生态系统的总体出发，提出要充分利用自然界的控制作用，创造不利于病虫害发生的条件，科学协调各种技术措施，以农业防治、物理防治、生物防治为主，化学防治为辅，尽量减少防治过程中的副作用，将病虫害造成的损失降低到经济允许水平以下。

（一）综合治理的基本原则

安全、有效、经济是病虫害综合治理的基本原则。在苹果生产中应认真贯彻并注意从以下几个方面去执行。

1. 预防为主，防重于治

苹果树是多年生的乔木，有几十年的生长结果期，这种自然特性极其有利于病原物和有害昆虫的繁殖、积累和种群的发展，在规模化苹果栽植区更是如此。在苹果树生长期，在适宜的侵染部位，多数病原菌都有足够数量，只要环境条件适合，就会引起病害的发生或者流行。多种害虫如叶螨，选择树体的一定部位（树皮裂缝、剪锯口等）越冬，如果在休眠季节清理这些场所，消灭越冬的害虫，肯定会减轻生长期的为害。对于病害更要及早采取措施，以预防为主，做到防病不见病，就能避免或减轻病害的发生。如苹果褐斑病，上一年的病落叶是当年病原菌唯一的初侵染源，在冬季或早春休眠期及时清扫落叶并深埋或烧毁，能有效降低越冬菌源量，预防后期高温多雨季节褐斑病的发生。苹果花脸病是发生在苹果上的一类病毒病，靠苗木和接穗在田间传播，在建园时选择栽植无毒苗木或嫁接时选用无毒接穗，就能避免花脸病的发生。

2. 保护环境，立足长远

在苹果病虫害的防治过程中，必须树立保护环境的意识，尽量选择应用农业的、物理的和生物的防治措施，逐渐减少对农药的依赖。化学农药只是在一些防治关键节点使用，而且使用的仅限那些高效、低毒、低残留的药剂，避免化学农药对土壤和地下水的污染，减少农药对果品污染的机会。利用化学药剂防治病害，要立足长远，减少单一农药品种的使用次数，注意品种的轮换，一般在苹果的一个生长季节，同一种农药品种最多使用 2～3 次，以避免病原菌、害虫抗药性的出现。大多数病虫害在休眠期治理，效果更好。

3. 措施合理，经济易行

防治苹果病虫害既要保障防治效果，更要讲求安全和经济效益。防治时注意克服工作中的盲目性，每次使用化学农药，尽量放在关键时期，如苹果锈病为一转主寄生病害，春季病原菌担孢子只侵染萌芽后 60 天内的嫩叶，所以在萌芽展叶前后用药最为关键，也最为有效，错过这个时间，病原菌侵染发病后再用药，就要大大增加用药次数，而且防治效果差。苹果白粉病，在花前、花期喷施内吸性杀菌剂能有效控制病芽萌发形成病稍。

防治苹果病虫害提倡预防为主，是指要根据病虫的发生规律和预测预报结果有目标地预防，而不是盲目地随机增加用药次数，或一次性使用多个农药品种、高浓度混合用药（涵盖保护性杀菌剂、治疗性杀菌剂、杀虫剂、杀螨剂、杀蚜剂），进行所谓的全面预防，这样做不但造成极大的浪费，而且多数时候反而会引发药害。

（二）综合治理应选择的途径

苹果病虫害的发生是病原（害虫）、寄主和环境因素相互作用与斗争的结果，对病虫害的综合治理就是以人为的措施干涉病原或害虫、寄主和环境因素的存在状态，增加或削弱三方的力量，使寄主营养均衡、健壮生长、受到保护；使病原物和害虫的栖息环境恶化、种群繁衍受挫；使环境因素向着有利于苹果树健壮生长的方向转变，最终导致病虫害的不发生或局部轻度发生。

1. 控制病原物和害虫

病原物和害虫是苹果发生病虫害的根本原因，控制和削弱其种群数量、阻断传播途径是应该采取的关键措施。一切有利于降低病原菌和害虫越冬基数的措施，诸如铲除病虫越冬场所、清扫落叶、剪除病虫枝、摘除病虫果、刮除病斑等都是有效的措施。保护伤口、果实套袋等措施能阻断病原菌和害虫的传播与为害，使其难以达到可侵染的寄主部位。控制苹果树栽植密度，搞好田间通风透光，降低田间小气候湿度，能使到达寄主表面的病原菌孢子因缺水而难以萌发侵染。

2. 提高寄主抗病性

培育树势，提高苹果树的抗病能力是抵抗和减轻病害的有效措施。在苹果树的生长发育过程中，要采取良好的栽培管理措施，提高树体的抗病性。例如，要均衡施肥，忌偏施氮肥，要保证有机肥；要合理留果、避免大小年结果；要及时防治病虫害；要尽可能地避免给树体造成伤口；等等。只有树体的抗病力提高了、树势强壮了，才能避免发病或减轻病害程度。如苹果树腐烂病，在树势强壮时不会表现发病，病原菌只是呈潜伏状态。苹果树一年生枝条在钾元素含量达到 13mg/kg 以上时，基本不发生腐烂病，这与提高钾营养后，树体的抗病力增强密切相关。苹果树在生长初期喷施氨基寡糖素等药剂后，抗病力明显加强，中、后期的病害也明显减轻。

3. 注意树体保护，治疗有病的植株

对健康的树体做好保护工作，使其免受病原物的摧残，无论是对延长树体本身的寿命，还是增加挂果年限、创造更多的经济效益、减少药剂对环境的污染、降低生产成本，都是综合效益最高的，自然也是植物保护追求的最高境界。所以，当树体还健康时，要定期例行性喷施保护性杀菌剂或可产生诱导抗性的其他物质；当树体完成冬剪或遭受到其他损伤后，要及时实施伤口保护和营养补给，使伤口尽快愈合，避免因伤口引起的病害。苹果树是多年生的乔木，果园是由多个单株单元构成的，当单个植株或几株树体发病后，往

往预示着全园有可能群体发病，因此，为了全园，要重视单株的治疗，铲除单株上的病原菌，调理果园环境，避免发生在单株上的病害出现在全园。

4. 改善果园环境，保护天敌

果园环境的优劣直接决定着病虫害的发生或休止，对病害发生产生影响的环境因素主要是气象条件、土壤条件和栽培条件。气象条件影响病原物和害虫的越冬、传播、繁殖、侵染，决定着病虫害的进程，也影响苹果树的发芽、展叶、开花等。土壤条件影响果树的生长发育、抗病虫能力及病害进程。栽培条件能调节和影响果园小气候，影响果园植被的多样性，影响天敌昆虫的栖息和繁衍，影响树体的抗病性，也能控制病虫害的进程。加强果园环境管理，采取良好的栽培管理措施，培育有利于增加天敌种群和数量的环境以及提高树体抗病性的环境，科学配肥，增施有机肥，强化土壤管理，强壮树势，抵御病害。

（三）综合治理的基本方法

"预防为主，综合防治"是我国的植保方针，也是我们控制苹果病虫害的总的指导原则。不论是病害，还是害虫，我们制订的防治方案、所采取的任何防治方法都要从预防作用体现的程度来衡量和判断，即以预防为主作为前提，也就是要在病虫害大量发生为害以前采取措施，使病原菌和害虫的种群数量控制在不足以造成经济损失以下。"综合防治"是从农业生态系统总体出发，对病原生物和害虫进行科学管理，要根据害物与环境之间的相互关系，充分发挥自然控制因素的作用，因地制宜，协调运用各种农业的、物理的、生物的和化学的必要防治措施，将有害生物控制在经济受害允许水平之下，以获得最佳的经济、生态和社会效益。

1. 植物检疫

植物检疫是国家保护农业生产的重要措施，是利用植物检疫措施防治病、虫、草害的方法，也叫法规防治。

植物检疫是国家以法律手段，制定植物检疫措施，控制有害生物传入或带出以及在国内传播，由政府（专门机构）执行。植物检疫有对外检疫和对内检疫之分，各省、市、自治区也可以有自己的植物检疫对象，检疫对象的名单由国家及省级的农业及林业部门制订，在各检疫部门的网站都有公布。

植物检疫措施包括制定检疫法规，划定"疫区"和"保护区"。对进、出境的植物及其产品进行产地检验、室内检验、隔离种植检验等，检验合格者签发检疫证书；对有问题的货物和材料要严格处理，甚至销毁。

苹果树等种植者，要严格遵守国家和地方检疫法规，不要从"疫区"购买和调运苗木、接穗和果品，以防将危险性病虫草带入。

2. 农业防治

在田间果园，存在能致病的大量病原物和害虫是病虫害发生、蔓延和流行的基本条件。凡能影响病原物和害虫数量的存在，都会一定程度地影响病虫害的发生与发展。许多苹果病害的发生和为害程度与树势的强弱有关，树势强壮了，自然能抵抗或减轻病害的发生。果园的环境条件，特别是小气候温湿度条件，对病虫害的发生和流行影响很大，许多病害都是在多雨潮湿的季节流行，通风透光不良的果园，以及树冠内膛、叶片和主枝的下位面等小气候湿度高的部位发病较早、较重。

因此，农业防治又称栽培防治，就是要利用一切栽培措施来有效地降低病原菌和害虫的数量，提高树体的树势及抗病性，创造一个利于苹果树而不利于病原菌和害虫繁衍的生态环境，以避免或减轻病虫害的发生，这些栽培措施包括：剪除病虫残体，清扫落叶，搞好果园卫生，降低菌源量和害虫虫口；平衡施肥，增施有机肥，合理给水，肥水一体化，提高抗病性；合理负载，及时防治病虫害，强壮树势；适度密植，科学修剪整形，通风透光；适期采收，安全贮藏等。

3. 生物防治

生物防治是指利用有益生物防治植物病虫害的方法。通常分为以虫治虫、以鸟治虫和以菌治虫、以菌治菌四大类。苹果树生活在一个充满生物的环境之中，调节树体周围的生物环境，使它有利于苹果树而不利于病原微生物和害虫，这就是生物防治。生物防治利用的是生物活体，而不是生物制品。目前，生产中常用苏云金杆菌（Bt）各种变种制剂防治多种鳞翅目害虫；利用寄生蜂、寄生蝇防治多种鳞翅目害虫；利用绿色木霉、枯草芽孢杆菌、鲜解淀粉芽孢杆菌等防治真菌病害；利用捕食螨防治山楂叶螨、二斑叶螨等。

4. 物理防治

物理防治是指利用物理器械、热力处理、特异性装置、光、气味以及外科手术等防治病虫害的方法。在果园常用果实套袋来防治某些病虫害，利用热力处理带病的种子、苗木和接穗，设置黑光灯诱杀某些鳞翅目或鞘翅目成虫，悬挂性诱芯诱杀某些害虫雄成虫，利用外科手术桥接腐烂伤口防治枝干腐烂病等。

5. 化学防治

化学防治是指利用化学农药来防治病虫害的方法。化学药剂种类繁多，作用迅速，效果显著，成本低廉，是防治苹果病虫害最常用的方法。但化学药剂一定程度上又是毒物，对人畜、环境、果品、苹果树有潜在的危害，所以，对苹果园病虫害的精准防控实际上是对农药的精准把握，这就要做到"用药品种精准、用药浓度精准、用药时期精准"。

第四章

苹果主要病害发生特点及精准防控技术

一、苹果树腐烂病

苹果树腐烂病是危害苹果树枝干的一种真菌病害，自1916年在我国发病以来，已造成五次大流行，目前该病在苹果产区依然严重发生，堪称苹果树的"癌症"，严重影响苹果的产量、质量、树的寿命和可持续发展。

1. 病害发生及症状特点

苹果腐烂病菌是一种弱寄生性真菌，具有潜伏侵染的特性，在苹果规模化栽植区树体普遍带菌，病原菌大量存在。

该病在树势较弱的成龄果园发生严重，主要危害枝干，偶有危害果实。病菌只能从苹果树的表面伤口或死亡的表皮组织侵入，引起皮层腐烂（图4-1），再逐步蔓延、扩展。这些伤口包括多种类型，如剪锯口、嫁接口、枝干冻伤、树杈处、日烧、机械伤、病虫害伤口等（图4-2）；死亡的表皮组织主要是指树干表层死亡的皮层组织（老翘皮）和疏果后残留的果柄。

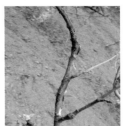

果实发病　　　　　　　溃疡型　　　　　　　枝枯型

图4-1　苹果树腐烂病一

环割口处发病　　机械伤口处发病　　剪口发病　　树杈处发病

图4-2　苹果树腐烂病二

　　苹果腐烂病在枝干上表现"溃疡型"和"枝枯型"两种症状。溃疡型病斑主要发生在主干、主枝和较粗大的侧枝上，造成被害处树皮呈红褐色水渍状，后发展为皮层腐烂甚至溢出黄褐色汁液；枝枯型病斑多发生在2～4年生小枝及剪口、干枯桩、果柄等部位，造成被害处皮层腐烂，当病斑绕枝1周后病部以上枝条枯死。

　　2. 病害发生规律

　　苹果腐烂病菌为子囊菌亚门的苹果黑腐皮壳菌（*Va lsa mali* Miyabe et Yamada），它以菌丝体、分生孢子器、子囊壳等在田间病株或病残体上越冬，风雨传播，伤口或死组织入侵（图4-3），长期潜伏。腐烂病能周年侵染、周年发病，但以3～4月为侵染的高峰期和发病的最重时期。目前，在苹果规模化栽植地区，老疤的复发是主要的问题（图4-4）。

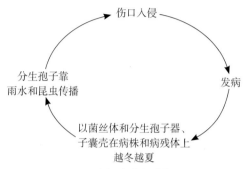

图4-3　腐烂病菌侵染循环图

 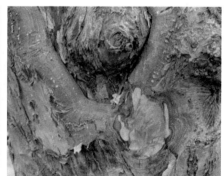

图4-4　老疤复发

3. 影响发病的因素

树势是腐烂病能否发生及发生轻重的主要因素，树势衰弱极易诱发腐烂病的发生和为害。另据报道，树体N元素超标、K元素缺乏容易诱发腐烂病，N/K越高，苹果树腐烂病越重，N/K<2，腐烂病不发生。

4. 精准防治技术

苹果树腐烂病的防治原则是以培养树势为中心，均衡养分，及时保护伤口，并配合以预防与治疗相结合的综合措施。具体措施有：

（1）清洁田园，减少田间菌源量。对田间的病枝或其他病虫害枝要及时剪除并带出果园，严禁在果园周围堆放，要集中处理。修剪枝也同样处理。

（2）合理负载、合理灌溉、合理施肥，提高树势，是提高树体抗病力、控制腐烂病的根本性措施。合理施肥，重点是施有机肥和钾肥，控制氮肥，一般是 3 000 kg/667 m^2 产量成龄园基肥施优质有机肥 3～4 m^3/667 m^2，果实膨大期树盘下带水追施硫酸钾 30 kg/667 m^2 2 次。

（3）保护伤口，防止病菌侵染。田间作务造成的伤口、冬季修剪伤口，要及时涂抹药剂保护。生长季节喷药防治其他病害时，注意对枝干部位喷施药液。

（4）及时刮治病疤。早春及时用刀刮除病斑组织，并涂药保护伤口。涂抹伤口所用的药剂可选择 25% 丙环唑乳油 500 倍液，或 40% 氟硅唑乳油 1 000 倍液，或 45% 代森铵水剂 100 倍液，或 6% 噻霉酮微乳剂 200 倍液。刮除病斑后的树皮要及时带出果园，集中处理。

二、苹果轮纹病

苹果轮纹病是一种既能危害枝干又能危害果实的真菌病害（图4-5），20 世纪 90 年代以来，该病在环渤海和黄河故道苹果产区严重发生，对树体生长和果实商品化均造成极大影响。近年来，黄土

 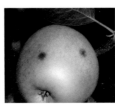

| 果实发病 | 果实发病初期 | 枝干发病 | 结果枝发病 |

图 4-5　苹果轮纹病

高原苹果产区因大量由东部产区引入接穗和苗木，使本区域轮纹病发病面积和病害危害程度逐年加重，尤其在部分矮化果园已成为最重要的病害。

1. 病害发生及症状特点

苹果轮纹病为一真菌病害，远距离靠苗木和接穗传播，田间近距离靠雨水和风传播。一年生或多年生的枝干都可被侵染发病，在渭北果区，新生病瘤要到 7 月份以后才出现。轮纹病瘤在 5 月份遇到降雨后才会开始释放分生孢子，而且只有那些中间有小黑点的成熟病瘤才会产生。

苹果枝干发病时会以皮孔为中心形成近圆形水渍状褐色小点，后病部扩大成灰色的瘤状突起，次年病斑周围病健交界处开裂，病瘤中央出现多个小粒点。在渭北果区，果实发病出现在 8 月底以后，先以皮孔为中心生成水渍状褐色小点，后发展成淡褐色与褐色交替的同心轮纹状病斑，随着病斑的扩大，伴有茶褐色黏液溢出。

2. 病害发生规律

苹果轮纹病菌为子囊菌亚门的葡萄座腔菌 *Botryospharia dothidea* (Moug.) Ces. & De Not。病原菌以菌丝体、分生孢子器或子囊壳在被害枝干上越冬，每年 5 ~ 10 月每遇降雨后，分生孢子便从分生孢子器中涌出（图 4-6），随雨水或风传播，从枝干和果实的皮孔或伤口

图 4-6　分生孢子从分生孢子器孔口涌出

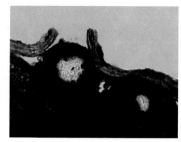

图 4-7　病瘤切片

侵入。病菌孢子可在 15 ～ 30℃下萌发，最适宜为 27 ～ 28℃。在田间，新生病瘤出现的时间随枝龄的大小不同而有所差异，最早要到 6 月以后。在陕西果区，一年生枝条上也能出现病瘤（图 4-7）。在田间，光果最早在 8 月下旬就可发病。

3. 影响发病的因素

轮纹病菌是一种寄生性较弱的真菌，树势弱的植株、老弱的枝干较易发病。负载过大、肥水不足、偏施氮肥时，发病重。雨水多的季节或年份发病重。

4. 精准防治技术

（1）加强栽培管理，合理留果，增施有机肥，增强树势，提高树体抗病能力。

（2）果实套袋。5 月下旬，开始果实套袋，保护果实免遭轮纹病菌侵染。

（3）刮除病瘤。结合防治腐烂病，春季从果树萌动到春梢停长期，刮除主干、主侧枝上的轮纹病瘤，随后伤口立即涂药。所用药剂选择高效杀菌剂混用保湿剂为好，以利于提高杀菌效果和伤口愈合。

（4）枝干涂药保护。结合预防苹果腐烂病，在 5 ～ 8 月份应用 60% 有机腐殖酸钾 50 倍液，结合杀菌剂，涂刷主干和主枝下部 2 ～ 3 次，这既有利于铲除轮纹病菌，也有利于腐烂病的防治。药剂可选择 25% 丙环唑乳油 500 倍液，或 40% 氟硅唑乳油 1000 倍液，或 45% 代森铵水剂 100 倍液，或 6% 噻霉酮微乳剂 200 倍液。

（5）树上喷药。从苹果落花后 10 d 开始，可选择 70% 代森联水分散粒剂 800 倍液，或 80% 代森锌可湿性粉剂 500 ～ 700 倍液，或 80% 代森锰锌（络合态）可湿性粉剂 600 ～ 800 倍液，或 10% 苯醚甲环唑水分散粒剂 2 500 倍液防治。果实套袋后，再选择其他杀菌剂，实行轮换用药。

三、苹果干腐病

苹果干腐病是一种危害苹果枝干和果实的真菌病害，其致病菌与苹果轮纹病菌相同，均为葡萄座腔菌 *Botryospharia dothidea* (Moug.) Ces. & De Not，属于同一病害的不同症状类型。

1. 病害发生及症状特点

干腐病主要为害衰弱的老树和定植后管理不善的幼树。大树受害，多在主干上散生表面湿润、不规则的暗褐色病疤，病部溢出茶褐色黏液。随着病斑不断扩大，病部逐渐失水凹陷，成为黑褐色干疤，病皮翘起以至剥离。病斑表面生成很多小而密、突起的小黑粒点（图4-8）。

| 新栽幼树发病 | 冬季套袋幼树发病 | 幼树剪口发病1 | 幼树剪口发病2 | 主干发病 |

图4-8　苹果干腐病

幼树多在定植后的缓苗期发病，初期多在嫁接口附近或茎基部形成暗褐色至黑褐色的椭圆形或不规则形病斑，沿树干上下扩展，逐渐形成稍凹陷的带状条斑。病部粗糙，病、健部交界处有明显的裂痕。严重时幼树干枯死亡，后期被害部位产生许多稍突起的小黑点。

果实发病多在成熟期或贮藏期，症状与轮纹病果非常相似。

2. 病害发生规律

病原菌以菌丝体、分生孢子器及子囊壳在枝干发病部位越冬，第二年春季病菌产生分生孢子进行侵染。病原菌孢子随风雨传播，经伤口侵入，也可从死亡的枯芽和皮孔侵入。病菌先在伤口死组织上生活一段时间，再侵染活组织。在干旱季节树皮含水量低时开始发病，大树5～10月均可发病，6～8月和10月为发病的两次高峰期，7月中旬雨季来临时病势减轻。果园管理水平低，地势低洼，肥水不足，偏施氮肥，结果过多，导致树势衰弱时发病重；土壤板结瘠薄、根系发育不良病重；伤口较多，愈合不良时病重。苗木长途运输过程中水分散失过多或定植后遇到干旱、遭受冻害的，病害严重。

3. 影响发病的因素

病原菌具有潜伏侵染特点，只有在树势衰弱时，树皮上潜伏的病菌才开始扩展发病。当树皮含水量低时，病菌扩展迅速，所以树体失水过多是发病的主要诱因。枝条正常生长时，侵染病菌受寄主抗性影响，或潜伏于皮层中，或形成病瘤；树体受干旱胁迫，或树势衰弱时，潜伏的病菌迅速扩展，导致皮层坏死，形成枯死斑或干腐病斑。

4. 精准防治技术

防治苹果干腐病应以培育壮苗，加强栽培管理，提高树势，增强抗病力为重点，并及时对幼苗嫁接口进行保水涂药保护。

（1）栽植无病壮苗，注意嫁接口保护。新建园要注意选择起挖不久、尚未失水的无病壮苗。栽植前后对嫁接口处要用混有防水涂料的药剂处理保护。山地果园新栽幼树冬季忌用塑料袋套树防冻，改换喷防冻剂或用肥肉块自下向上涂抹树干。

（2）加强栽培管理，干旱季节及时浇水，增强树势，提高抗病能力，定植树及时浇水，缩短缓苗期。冬季注意减少枝条水分散失，防止冻害，减轻发病。

（3）及时刮治病部。发现病斑要及时刮掉患病表皮，然后用内吸性或强渗透性药剂涂抹伤口。药剂可选择 25% 丙环唑乳油 500 倍液，或 40% 氟硅唑乳油 1 000 倍液，或 45% 代森铵水剂 100 倍液，或 6% 噻霉酮微乳剂 200 倍液等。

四、苹果锈病

苹果锈病是危害幼叶、新梢及幼果等幼嫩绿色组织的一种真菌病害，目前该病已成为黄土高原苹果产区的主要病害，对苹果的发展影响很大。桧柏为苹果锈病的转主寄主，也遭受其危害。

1. 病害发生及症状特点

苹果锈病发生在大量栽植常绿风景树桧柏的苹果产区，病原菌主要侵染萌芽后 60 d 内叶龄的幼叶，先在叶面上出现油亮的橘红色小斑点，随着病斑的扩展，长出许多黄点状性孢子器，病斑背面突起长出许多黄褐色毛状物（锈孢子器）（图 4-9、图 4-10）。幼果发病，多在萼洼附近产生圆形橙黄色病斑，随后产生性孢子器（图 4-11）。一年之中侵染一次，发病一次。

图 4-9　锈孢子器

图 4-10　叶片发病

图 4-11　幼果发病　　　　　　图 4-12　越冬菌瘿

病原菌侵染桧柏的小枝，在其上产生球状瘿瘤，内含大量冬孢子（图 4-12）。

2. 病害发生规律

苹果锈病菌（*Gymnosporangium yamadai* Miyabe）以菌丝体在桧柏类转主寄主的菌瘿中越冬，次春当气温达到17℃左右，遇到降雨，菌瘿中的冬孢子萌发后发育成担孢子，随风传播到苹果树的叶片和果实上，孢子萌发后从叶片等表皮直接侵入，或从气孔侵入。随着病斑的扩展，病斑正面形成油亮的橘红色性孢子器，后渐变为黑色；病斑背面随之长出丛生的黄褐色毛状锈孢子器，内含大量的锈孢子。锈孢子成熟后再随风传播到桧柏类树上，危害小枝越冬，翌春形成瘤状菌瘿。

3. 影响发病的因素

桧柏类风景树的多少及离果园的远近，苹果树展叶前后的降雨，都是影响发病的重要因素。

4. 精准防治技术

（1）铲除果园周边 5 km 范围内的桧柏类树木。

（2）药剂防治。分别在花序分离期和落花后以三唑类内吸治疗剂为主全园喷雾，如15% 三唑酮可湿性粉剂 1 000 ～ 1 500 倍液，或 10% 苯醚甲环唑水分散粒剂 2 500 倍液，或 40% 腈菌唑悬浮剂 3 000～4 000 倍液，或 12.5% 烯唑醇可湿性粉剂 1 500～2 500 倍液，或 6% 氯苯嘧啶醇可湿性粉剂 1 000 倍液。

注意：所用药剂宜选择悬浮剂、水乳剂、干悬浮剂或可湿性粉剂，杜绝应用乳油！以免影响授粉、坐果或给幼果造成果锈。

五、苹果白粉病

苹果白粉病是危害苹果嫩叶和新梢的一种真菌性病害，春季随着芽的萌动，病菌开始繁殖蔓延，给苹果生产带来严重的威胁。

1. 病害发生及症状特点

苹果白粉病菌是一种专性寄生菌，病菌以菌丝在病芽体内越冬，芽萌动后病菌随着扩展蔓延，5～6月及8月底为侵染盛期。新梢发病，生长受抑制，节间缩短，其上着生的叶片窄长、不易伸展，叶缘上卷，叶面覆盖白色粉状物。叶片发病，先在叶背出现稀疏的白粉，随后蔓延至叶片正面（图4-13、图4-14）。幼果受害，在萼洼处产生白色粉斑，病部变硬，表面成网状锈斑。

图4-13 病叶正反面　　　　图4-14 嫩叶发病

2. 病害发生规律

苹果白粉病菌为叉丝单囊壳 *Podosphaera leucotricha* (Ell.et Ev.) 真菌，以菌丝体在冬芽（以顶芽为主）或鳞片内越冬，次春随着芽的萌动，病原菌开始繁殖蔓延，产生白色粉状物，即病菌的分生孢子。分生孢子随风雨传播，侵染嫩叶、新梢和幼果。一年中，分生孢子可侵染多次，其中 5～6 月及 8 月底为发病盛期。

3. 影响发病的因素

高湿有利于苹果白粉病的发生。苹果展叶后土壤湿度大的果园若遇干旱天气，白粉病会加重。地势低洼、栽植过密、偏施氮肥，都利于白粉病的发生。

4. 精准防治技术

（1）加强栽培管理，提高树势。增施有机肥和磷钾肥，控制氮肥。合理密植，控制灌水。

（2）清除菌源。由于白粉病菌以顶芽越冬为主，因此结合冬剪，要剪除顶端病芽和病枝，减少越冬菌源量。春季发病后，及时摘除病梢、病叶，有利于减少再侵染。

（3）喷药防治。花序分离期、落花后喷施内吸性杀菌剂控制病芽萌发形成病梢。花序分离期药剂宜选择 40% 己唑醇悬浮剂 8 000 倍液，或 35% 己唑·醚菌酯悬浮剂 3 000 倍液，或 38% 唑醚·啶酰菌水分散粒剂 2 500 倍，或 12.5% 烯唑醇可湿性粉剂 1 500～2 500 倍液，或 40% 腈菌唑可湿性粉剂 6 000 倍液；或 6% 氯苯嘧啶醇可湿性粉剂 3 000 倍，或 25% 嘧菌酯悬浮剂 1 500 倍液，或 15% 三唑酮可湿性粉剂 1 000～1 500 倍液；花后新梢抽生期，视发病状况，有新梢感染时，可喷 10% 苯醚甲环唑水分散粒剂 2 500 倍，或 60% 吡醚·代森联水分散粒剂 2 000 倍。对于高感白粉病的苹果品种，可在花期用 2% 嘧啶核苷类抗菌素水剂 200 倍，或 10% 苯醚甲环唑水分散粒剂2 500倍加喷1次药。8月份应喷内吸性杀菌剂降低芽的带菌率，减轻下一年的病害程度。

六、苹果褐斑病

苹果褐斑病是早期落叶病的一种，是苹果生长期重要的常发性真菌病害，主要为害叶片，在果实近成熟期也为害果实，通常造成叶片在7～9月份提前不正常脱落，结果不但严重影响了当年果实的生长、产量和品质，而且影响了下一年的花芽分化，削弱了树势和第二年的产量。

1. 病害发生及症状特点

褐斑病菌为害后，叶面出现圆形或不规则的褐色坏死斑，病斑上散生多个黑色的小粒点。由于发病时间和感染部位的不同，苹果褐斑病有同心轮纹型、针芒型、绿色散斑型、新梢枯斑型和圆斑型5种不同症状类型（图4-15）。同心轮纹

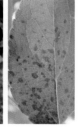

图4-15 苹果褐斑病田间症状

型和针芒型出现最早，由上一年越冬的病叶上产生的分生孢子侵染后生成。绿色散斑型、新稍枯斑型和圆斑型在田间出现较晚，由再侵染分生孢子产生，病叶大多不褪绿变黄。

2. 病害发生规律

苹果褐斑病由苹果双壳菌（*Diplocarpon mali* Harada et Sawamura），无性态为冠盘二孢菌（*Marssonia coronaria* Davis）引起。致病菌为一子囊真菌。上年的患病落叶是唯一的越冬场所，病原菌以菌丝、分生孢子盘或子囊盘存在于落叶中。病菌生长及分生孢子萌发的适宜温度为 20 ~ 25℃。进入 5 月份天气降雨后，分生孢子开始释放并随风雨传播，从苹果叶片气孔侵入。分生孢子侵入后，病菌在田间有 13 ~ 55 d 的潜育期。在关中初侵染病斑，约在 6 月底开始产孢，引起再侵染，之后反复循环侵染，直至 9 月下旬。在渭北，7 月中下旬，初侵染病斑开始显症产孢，病叶开始失绿变黄，随后脱落，病害的再侵染也反复出现多次。

3. 影响发病的因素

降雨是孢子传播和侵染的必要条件，叶面持续结露 6 h 以上，分生孢子就能完成侵染。凡落花后多雨，夏季高温多雨的年份，褐斑病发病早、发生重。

4. 精准防治技术

防治褐斑病应以加强栽培管理、增强树势、提高抗病力为基础，以严格控制初侵染为核心，重视化学药剂的应用，将病叶率控制在 10% 以下。

（1）加强栽培管理、增强树势、提高树体抗病力，合理密植，通风透光，以减轻病害发生。

（2）清扫落叶，减少初侵染源。每年冬末或次年早春，彻底清扫果园落叶，并带出果园深埋或烧毁。

（3）化学药剂防治。正确选择使用有效的药剂品种，常用的高效保护性杀菌剂有：波尔多液、必备、可杀得 3000、吡唑醚菌酯·王铜、壬菌铜、丙森锌等；有效的内吸性杀菌剂有：氟环唑、戊唑醇、丙环唑、烯唑醇、氟硅唑、醚菌酯、肟菌酯·戊唑醇、噻霉酮·戊唑醇等。苹果套袋前，常用的药剂有络合态代森锰锌、丙森锌、吡唑醚菌酯、苯醚甲环唑或腈菌唑；苹果套袋后，在田间未发病前，预防褐斑病多选择倍量式到多量式波尔多液（1:2～3:200），或 80% 必备可溶性粉剂 500 倍，或 46% 氢氧化铜水分散粒剂 1000 倍，或 40% 吡唑醚菌酯·王铜悬浮剂 1000 倍喷雾。7月中旬进入多雨季节后，每次用药最好选择耐雨水冲刷的保护性杀菌剂搭配内吸治疗剂，以抵抗频繁降雨带来的对药剂的冲淋，保持药剂较长时间的有效性。具体可选用 80% 必备可溶性粉剂 500 倍（或 46% 氢氧化铜水分散粒剂 1000 倍）+430g/L 戊唑醇悬浮剂 2500 倍（或其他三唑类内吸杀菌剂或内吸性甲氧基丙烯酸酯类杀菌剂）。

七、苹果斑点落叶病

苹果斑点落叶病也是早期落叶病的一种，该病主要为害嫩叶，也为害果实。受害叶片常出现不同程度褐色坏死，枯黄早落；果实受害后，常失去商品价值。

1. 病害发生及症状特点

斑点落叶病菌主要为害幼嫩的叶片。一年中有 2 个侵染高峰，第一高峰在 5～6 月，为害春梢叶片造成落叶。第二个高峰在 8～9 月，为害秋梢嫩叶。受害叶面出现 1 个或多个近圆形或不规则形褐色坏死斑，病斑外围有紫色晕圈，天气潮湿时，病斑正反面均有黑色霉状物，后期病斑变成灰白色甚至脱落成穿孔。套袋苹果脱袋后遇雨，皮孔常变褐坏死、凹陷，病斑外围有紫红色晕圈，或者果实因大量吸水，果面出现微裂，伤口边缘出现紫红色晕圈（图4-16），都是斑点落叶病菌侵染所致。

  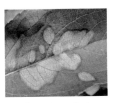

病果　　　　　病叶　　　　灰斑型病叶　　　急性症状病叶

图4-16　苹果斑点落叶病

2.病害发生规律

苹果斑点落叶病菌（*Alternaria alternata*）为子囊菌亚门真菌，病菌以菌丝在受害叶、枝条或芽鳞中越冬。翌春当气温上升到15℃左右，天气潮湿时开始产生分生孢子，随风雨从叶片气孔侵入。病菌发育的适温为20～30℃。病菌在田间的潜育期为3～8h。一年中分生孢子有2个侵染高峰，第一个高峰在5～6月，侵染春梢上部新生嫩叶；第二个侵染高峰在8～9月，为害秋梢嫩叶。果实脱袋后，遇降雨，果实会再次遭受该病菌的侵染，引起发病。

3.影响发病的因素

高温多雨是影响病害发生和流行的主要因素。树势衰弱，通风透光不良，地势低洼，枝叶细嫩等容易发病。

4.精准防治技术

（1）清扫落叶，减少初侵染源。每年冬末或次年早春，彻底清扫果园落叶，并带出果园深埋或烧毁。

（2）合理密植，科学修剪，保持树冠透光率在25%以上。降低树冠内湿度，减少叶片结水时间，防止病菌孢子萌发和侵染。

（3）在分生孢子释放高峰到来前喷药，连喷2次，药剂可选择50%已唑醇水分散粒剂6 000～8 000倍液，或3%多抗霉素水剂300～500倍液，或10%多抗·已唑醇悬浮剂1 500倍液，或35%已唑·醚菌酯悬浮剂3 000～5 000倍液，或10%苯醚甲环唑水分散粒剂2 500倍液，或68.75%易保水分散粒剂1 000倍液，或40%嘧霉胺悬浮剂1 000倍液，或50%扑海因可湿性粉剂1 000倍液进行预防和治疗。

八、苹果炭疽病

苹果炭疽病是为害果实的一种真菌病害（图4-17）。目前生产中的多数品种缺乏对该病的抗性，致使多雨年份该病在各地猖獗发生。

1. 病害发生及症状特点

苹果炭疽病菌具有潜伏侵染特性，果实生长的前期为主要侵染期，果实生长的后期和储藏期为发病期。果实发病，最初在果面出现淡褐色小斑点，随后病斑呈黑褐色并逐渐扩大，边缘清晰，病斑表面出现同心轮纹状排列的小黑点，果肉茶褐色，腐烂深达果心，病果剖面成漏斗状（图4-18）。

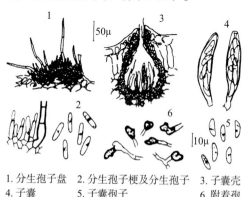

1. 分生孢子盘　2. 分生孢子梗及分生孢子　3. 子囊壳
4. 子囊　5. 子囊孢子　6. 附着孢

图4-17　病原菌形态

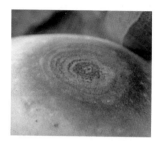

图4-18　果实发病

2. 病害发生规律

苹果炭疽病菌为子囊菌门粪壳菌纲、小丛壳科、炭疽菌属的盘长孢状刺盘孢（*Colletotrichum gloeosporioides* Penz.），它以菌丝在病果、干枝、果苔等上越冬，苹果落花后，田间即有分生孢子释放，借雨水和风传播，分生孢子萌发后从皮孔或伤口侵入果实，一年中分生孢子可以侵入多次，直到 7 月底。苹果炭疽病具有潜伏侵染的特点，侵入后病菌呈潜伏状态，在果实生长后期至近成熟期才开始发病，以 8 月份为发病的高峰期。

3. 影响发病的因素

高温、高湿有利于病害的发生，特别是雨后高温更有利于病害流行。树势弱、偏施氮肥、田间通风透光能力差的果园发病重。

4. 精准防治技术

（1）加强栽培管理、增强树势、提高树体抗病力，合理密植，通风透光，以减轻病害发生。

（2）清除病残体，搞好果园卫生。结合修剪，去除病果、病果苔和枯死枝，并集中处理。

（3）药剂防治。适期喷药，预防侵染，降低果实带菌率。渭北苹果产区，在萌芽期要开始第一次喷药，使用药剂选择 25% 丙环唑乳油 3 000 倍液，或 40% 氟硅唑乳油 6 000 倍液喷雾。第二次用药，时间选择在落花后 15 d 左右，使用药剂可选择 80% 代森锰锌可湿性粉剂 600 倍液，或 70% 代森联水分散粒剂 500 ～ 700 倍液，或 25% 二氰·吡唑酯悬浮剂 800 ～ 1 000 倍液。降雨后可选择 25% 溴菌腈可湿性粉剂 600 倍液，或 40% 唑醚·咪鲜胺水乳剂 2 000 倍液，或 60% 唑醚·代森联水分散粒剂 1 000 倍液，或 50% 戊唑·咪鲜胺可湿性粉剂 1 500 ～ 2 000 倍液。

九、苹果炭疽叶枯病

苹果炭疽叶枯病是近年来新发生在苹果上的一种重要病害，主要危害嘎拉、金冠、秦冠、华冠和乔纳金等品种，造成苹果树大量落叶和果实发病，严重削弱树势，导致当年或次年绝产。

该病害是局部发生的区域病害。1988年巴西局部地区的金冠和嘎啦首次发现该病害。1998年美国苹果上也发现炭疽叶枯病。2009年中国河南焦作嘎啦苹果上首次出现炭疽叶枯病。截至目前，苹果炭疽叶枯病在国内已蔓延至河南、山东、安徽、江苏、河北、陕西、山西等地的部分苹果产区。

1. 病害发生及症状特点

炭疽叶枯病是一种既能为害苹果叶片，又能为害果实的真菌病害。

发病始期，受侵染的叶片可产生1至多个棕褐色不规则形枯死斑，或出现大量圆形有深色晕圈的小斑点。随后病斑迅速扩展蔓延至整张叶片，形成大小不等的枯死斑，病斑外围有绿色晕圈。危害果实后，受害果面出现多个2～3 mm的圆形褐色下陷病斑，病斑周围组织呈红色或黄色，剖开病斑，其下果肉约2 mm褐变并因失水呈海绵状（图4-19）。

若发病期间，天气高温高湿，叶片很快在1～2 d内变成黑褐色脱落。若天气比较干燥，叶片上便出现多个大小不等的褐色枯死斑，随后病斑周围的叶片组织变黄，病斑上常有单个或几个黑色的小粒点。病重叶片很快脱落。一般7月份树冠外围或上部新稍基部叶片开始发病，先黄化脱落，再向上向内扩展，严重时7月中下旬至8月上中旬造成早期大量落叶。

图4-19　苹果炭疽叶枯病症状

2.病害发生规律

苹果炭疽叶枯病菌是包含有多个致病种类的复合菌,分类从属于子囊菌门、粪壳菌纲、小丛壳科、炭疽菌属。研究表明,苹果炭疽叶枯病主要由果生刺盘孢(*Colletotrichum fructicola*)和隐秘刺盘孢(*Colletotrichum aenigma*)引起,在分类上两者同属胶孢*Gloeosporioides*复合群。

病原菌主要在苹果的休眠芽、果苔和枝条上以菌丝体越冬。5月中下旬苹果落花20 d后遇降雨,病原孢子便开始在田间形成、释放,形成初侵染,病菌分生孢子和子囊孢子依靠风雨传播蔓延,在田间多次侵染,直到9月份。病原菌主要在降雨期间侵染发病,侵染发病需要较高的温度。其分生孢子在15～35℃萌发,最适温度为30℃,在10℃和35℃条件下,受侵染的叶片不发病,在田间30℃气温叶面有水膜存在下2 h就能完成全部的侵染过程,一般潜育期平均7 d左右。

3.影响发病的因素

温、湿度是影响发病的主要因素,高温季节,病原菌主要在降雨期间侵染发病。品种间抗病性差异明显，嘎啦、秦冠、金冠、粉红女士、华冠和乔纳金等品种以及它们的后代感病，而富士、红星等品种高度抗病。最近发现，澳洲青苹也可感染炭疽叶枯病。

4. 精准防治技术

（1）彻底清园，降低菌源。休眠期彻底清除果园内落叶，摘除僵果，集中烧毁或深埋，减少越冬基数；生长期摘除病叶、病果、病梢，铲除越夏的菌源。

（2）强壮树势，提高抗病能力。加强土肥水管理，重施有机肥、生物肥，N、P、K平衡施肥。土壤物理性状不好的果园要进行改良，及时修好排水设施，排除积水，防止果园过于潮湿。

（3）改造郁闭果园，合理负载。无论采取何种树形，冬季修剪后的果园都要达到行间畅通、枝不交接、通风透光、方便作业的要求，防止夏季枝叶郁闭。生长季节及时清除剪锯口萌芽、无效枝叶，进一步改善通风透光条件。尽早疏花疏果，合理负载，避免过多消耗树体营养，增强树势。

（4）药剂防治。炭疽叶枯病的潜育期很短，只能采取雨前或定期喷药保护的措施，病原菌侵染后用内吸治疗性杀菌剂治疗效果一般。花后20d左右的用药很关键。二硫代氨基甲酸盐类的代森联、丙森锌或甲基代森锌有较好的预防效果。吡唑醚菌酯、咪鲜胺对病斑的显症有一定的延缓效果。发病后可选择22.5%啶氧菌酯悬浮剂1 500倍液+70%代森联可湿性粉剂700倍液，或250 g/L吡唑醚菌酯乳油2 000倍液+70%丙森锌可湿性粉剂700倍液；或40%吡唑·咪鲜胺水乳剂2 000倍液；或40%吡唑醚菌酯·丙环唑水乳剂3 000～4 000倍液或35%丙环唑·咪鲜胺水乳剂1 000倍液防治。

十、苹果霉心病

苹果霉心病是一种在果实接近成熟期至贮藏期危害果实的病害，引起果面发黄、果实霉心、心腐或早期脱落。

1. 病害发生及症状特点

苹果霉心病菌为多种弱寄生菌，它们在花期侵染柱头等花器，落花后逐渐向下扩展蔓延，通过萼心间组织进入心室引起果实发病。发病果实外观正常，剖果观察，果心有褐色点状、条状坏死点或褐色斑块，并充满粉红色、灰黑色、墨绿色和白色霉状物，严重者果肉变褐或变黄，湿腐，一直烂到果皮之下（图 4-20）。

  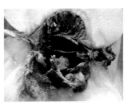

霉心病果　　　　　　霉心病果外观症状　　　　　心腐病果

图 4-20　苹果霉心病

2. 病害发生规律

苹果霉心病是由多种弱寄生性真菌混合侵染引起的。主要有链格孢菌（*Alternaria alternata* (Fr.) Kessl.）、粉红聚端孢菌（*Trichothecium roseum* L.）、镰刀菌（*Fusarium* sp.）、头孢霉菌（*Cephalosporium* sp.）、串球镰孢菌（*Fusarium nonliforme* Sheld）、拟茎点霉（*Phomopsis* sp.）、青霉（*Penicillium* sp.）等。病菌以菌丝体在病僵果、坏死组织内或以孢子潜藏于芽的鳞片间越冬。苹果临近开花，病原菌即可产生分生孢子，借气流和雨水传播。花瓣开放后，雌雄蕊、萼筒等花器组织都已感染霉心病菌，落花期病菌再经过褐变枯死的萼心间组织侵入果实心室，造成发病。

3. 影响发病的因素

果园地势低洼，树冠郁闭，通风不良利于发病。苹果各品种间发病情况有显著差异，凡果实萼口大，萼筒长与果心相连的品种易染病。花期受冻，易发病。

4. 精准防治技术

（1）清除菌源。苹果采收后，应及时清除果园内病果、落果和落叶。休眠期结合冬季修剪，去除病虫枝和枯死枝，减少越冬菌源。

（2）生长期药剂防治。在苹果生长期，应抓住 3 个关键用药时期：①花芽膨大至露红期，结合防治苹果白粉病等，可选择渗透性、治疗性较好的杀菌剂，如：30% 苯醚甲环唑·丙环唑悬浮剂 1 000 ~ 1 500 倍液或 430 g/L 戊唑醇悬浮剂 2 000 ~ 3 000 倍液，或 1.5% 噻霉酮水乳剂 500 倍液，以铲除枝干、干枯枝上产生的病菌分生孢子。②初花期，选择对坐果无影响的杀菌剂喷施，以消灭花器上的病菌。如 3% 多抗霉素水剂 400 倍液，或 4% 农抗 120 水剂 600 ~ 800 倍液，1.5% 噻霉酮水乳剂 500 倍液。也可以选择寡雄腐霉菌的活菌孢子粉 500 ~ 1 000 倍液喷雾。③幼果期，这是防治霉心病的关键时期，应在苹果落花后 10 d 选择内吸性杀菌剂，结合防治苹果轮纹病、炭疽病，喷洒 430 g/L 戊唑醇悬浮剂 4 000 ~ 5 000 倍液，或 10% 苯醚甲环唑水分散粒剂 3 000 ~ 4 000 倍液，70% 乙磷铝·锰锌可湿性粉剂 1 000 倍液。

十一、苹果黑星病

苹果黑星病一直是欧美国家苹果上的主要病害，由子囊菌门真菌引起。我国仅在少数几个省份发生，被 13 个省份列为检疫对象，该病主要危害叶片和果实。

1. 病害发生及症状特点

苹果的叶片、果实、叶柄、花、芽及嫩枝等所有器官，从花蕾开放到苹果成熟期都能遭受黑星病的为害，其中从花蕾开放到落花期是最易受害的时期。叶片发病，初为淡黄绿色的圆形或放射状病斑，后渐变褐色，最终为黑色（图4-21）。病重者，叶片扭曲或卷曲。果实受害，初期为淡黄绿色的圆形或椭圆形病斑，后渐变褐色或黑色，表面产生黑色绒状霉层。随着果实膨大，病斑渐凹陷、硬化、龟裂（图4-22）。

图4-21　黑星病病叶

图4-22　黑星病病果

2. 病害发生规律

苹果黑星病菌 [*Venturia inaequalis* (Cooke) Winter] 以子囊壳在落叶上或以菌丝体在芽鳞内越冬，第二年3月底或4月初子囊孢子开始释放，随风雨传播，伤口侵入，4月中旬～5月中旬为子囊孢子的释放高峰期，6月初田间已无子囊孢子。在田间子囊孢子主要位于距地面15～30 cm处。分生孢子是在子囊孢子侵染寄主发病后产生的，出现在5月中旬以后，6～7月数量最多，直到9月下旬。叶片发病一般出现在5月中旬以后。

3. 影响发病的因素

湿度与子囊孢子的成熟与释放密切相关，因此，花蕾开放到落花期间的降雨对病害的发生至关重要。

4. 精准防治技术

（1）清扫落叶，消灭初侵染源。休眠期彻底清除果园内落叶及病伤落果，摘除树上僵果，集中烧毁或深埋。

（2）药剂防治。4月底至5月份是防治重点。花蕾开绽期喷药，选择70%代森联水分散粒剂800倍液，或12.5%烯唑醇可湿性粉剂1500～2500倍液，或30%氟菌唑可湿性粉剂2000倍液喷雾。花后喷药，可选择60%吡唑·代森联水分散粒剂1000～2000倍液，或10%苯醚甲环唑水分散粒剂3000倍液，或40%腈菌唑悬浮剂6000倍液，或30%氟菌·醚菌酯可湿性粉剂2000～3000倍液。套袋后用药，可用12%苯甲·氟唑菌酰胺悬浮剂1500～2000倍液，30%醚菌酯可湿性粉剂2000～3000倍液，或30%氟菌·醚菌酯可湿性粉剂2000～3000倍液，或40%氟硅唑乳油5000倍液，或70%代森联水分散粒剂800倍液，或10%苯醚甲环唑水分散粒剂2500倍液。

十二、苹果圆斑根腐病

苹果树圆斑根腐病，是北方果区分布广泛、危害严重的一种烂根性病害，多发生土壤黏重板结、地势低洼易积水的地块以及树势较弱的盛果期结果大树和老树上。

1. 病害发生及症状特点

苹果圆斑根腐病属于真菌病害，主要为害苹果树的根部，首先从须根发病，围绕须根形成红褐色圆斑，后扩展到与须根相连的肉质根和大根，病斑扩大并互相连接，深入木质部，使整段根变黑枯死。在整个发病过程中，病根反复产生愈合组织和再生根，因此形成病健组织彼此交错或致病部凹凸不平，造成畸形根现象。根受害后，随着春季苹果树展叶，地面部分陆续表现出症状，由于单个植株间树势的不同，受害程度的不同，会呈现出不同的症状类型，如萎蔫型、叶缘枯焦型、青枯型和枝枯型（图4-23）。

根腐引起地上萎蔫 根系受害状

图4-23 苹果圆斑根腐病

2. 病害发生规律

苹果树圆斑根腐病由多种镰刀菌引起，其中主要为尖孢镰刀菌（*Fusarium oxysporum* Schl）、弯角镰刀菌（*F. camptoceras* W.et Rg.）、腐皮镰刀菌（*F. Solani* (Mart.) App.et Wellenw.）3种镰刀菌均为土壤习居菌或半习居菌，能够在土壤中长期营腐生生活。当苹果树根系生长衰弱时，病菌便侵入根部，引起发病。一年当中，春季随着温度上升、树液回流，病菌开始为害，树枝展叶后，症状逐渐显现。一般地春梢生长期，症状明显、危害重。夏秋季降雨后，发病减轻。秋季干旱时，病情会再度加重。

3. 影响发病的因素

果园土壤黏重板结、地势低洼易积水、透气性差的地块以及树势较弱是引起根腐病的主要诱因。

4. 精准防治技术

（1）增强树势，增施有机肥，提高抗病力。改良土壤，提高土壤通透性，增施磷、钾肥，促进根系生长。

（2）病树治疗。对发病植株，先扒开土壤找到土中烂根，将其从病部剪掉，对发病轻微的根系，可在刮除病斑后，先覆土，再用药剂灌根。药剂可选择硫酸铜晶体 300 倍液，或 25% 丙环唑乳油 500 倍液，或 50% 代森铵水剂 800 倍液，或 40% 氟硅唑乳油 2 000 倍液，或 2% 农抗 120 水剂 200 倍液等，药液用量 15 kg/ 株。

十三、苹果花叶病

苹果花叶病是苹果生长期果园常见的一种病毒病害，主要为害叶片，干扰、破坏树体正常生理机能，导致生长势减退，产量下降，品质变劣，发病严重时造成整株死亡。

1. 病害发生及症状特点

苹果花叶病毒是由 3 种不同的病毒类型构成的，在不同的果园，由于栽植品种不同，遭遇到的病毒类型与构成不同或发生条件的差异，使患病植株往往表现出不同的症状类型，常见的有花叶型、斑驳型、条斑型、环斑型（图 4-24）和镶边型。在田间，各种症状类

斑驳型　　　　　　　　　　花叶型

环斑型　　　　　　　　　　条斑型

图 4-24　苹果花叶病

型可能在一棵树上同时出现，也可能只出现一种类型。该病为系统性病害，一旦感染，树体终生带毒，持久危害。

2. 病害发生规律

苹果花叶病包含苹果花叶病毒、土拉苹果花叶病毒和李坏死环斑病毒 3 种病毒，主要通过接穗及砧木靠嫁接传染，也能通过在病树上用过的刀、剪、锯等工具靠汁液传染。病害潜育期 3 ～ 27 个月。一旦感染，终生带毒危害。苹果展叶后不久即可表现症状，4 ～ 5 月病害发展迅速，但 7 ～ 8 月高温季节，病害停止发展，秋季再次恢复发病。不同品种的抗病性明显不同。

3. 影响发病的因素

高温干旱，树势衰弱，有利于苹果花叶病的发生。

4. 精准防治技术

（1）栽植无病毒苗木，接穗采自无毒母树，砧木用实生苗。

（2）挖除病树。如果田间有零星病株，从长远考虑，趁早挖除最好。

（3）增强果树树体抗性，重施有机肥，提高土壤肥力，养根壮树。

（4）合理负载、合理修剪，消除大小年结果现象；调整树体结构，保证园内通风透光，增强树势，提高树体抗病能力。

（5）修剪时，应先剪健树再剪病树，并定时用酒擦拭剪刀消毒杀菌，以减少农事操作传播。

（6）药剂控制。在苹果萌芽期和展叶后喷洒 0.5% 葡聚烯糖可溶粉剂 3 000 倍液 ＋ 1.8% 辛菌胺醋酸盐水剂 300 倍液，或 8% 宁南霉素水剂 700 ～ 1 000 倍液 ＋ 1.8% 辛菌胺醋酸盐水剂 300 倍液。

十四、苹果锈果病

苹果锈果病是一种危害苹果果实的类病毒病，各地果区都有发生，近年来在中熟苹果品种上日益突出。

1. 病害发生及症状特点

病原菌为苹果锈果类病毒，能引起"锈果型"和"花脸型"两种症状（图 4-25），表现锈果型症状病果在落花后 30 d 左右便从果顶萼洼处出现浅绿色水渍状病斑，随后沿果面向梗洼发展形成上下 5 条锈纹。锈纹渐变为铁锈色，并木栓化。在 5 条锈纹间常有纵横交错的小裂纹。重病果常从锈纹处开裂，果实发育受阻，形成凸凹不平的畸形果。花脸型病果在果实着色前无明显变化，着色后果面散生多个近圆形黄绿色斑块，果实成熟后表现出红绿相间的花脸状。

 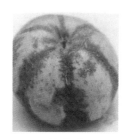

花脸型　　　　　　　锈果型

图 4-25　苹果锈果病

2. 病害发生规律

苹果锈果类病毒，一种环状低分子量核糖核酸，通过病接穗及病砧木靠嫁接传染，也能通过在病树上用过的刀、剪、锯等工具接触传染，病健树根部的自然交接也能引起传染。一旦感染，终生带毒为害。不同品种的抗病性明显不同。

3. 精准防治技术

（1）栽植无病毒苗木，选用无毒接穗。

（2）趁早挖除病树，杜绝或减少传染源。

（3）增强果树树体抗性，重施有机肥，提高土壤肥力，养根壮树。

（4）合理负载、合理修剪，消除大小年结果现象；调整树体结构，保证园内通风透光，增强树势，提高树体抗病能力。

（5）修剪时，应先剪健树再剪病树，并定时用酒擦拭剪刀消毒杀菌，以减少农事操作传播。

（6）药剂控制。在苹果萌芽期和展叶后喷洒 0.5% 葡聚烯糖可溶粉剂 3 000 倍液 + 1.8% 辛菌胺醋酸盐水剂 300 倍液；或 1.8% 辛菌胺醋酸盐水剂 300 倍液 + 5% 氨基寡糖素水剂 1 000 倍液；或 8% 宁南霉素水剂 700 ～ 1 000 倍液 + 1.8% 辛菌胺醋酸盐水剂 300 倍液。

十五、苹果圆再植障碍病

苹果树作为一种高大乔木，生长期长达几十年之久。在长时间栽植过苹果树的果园中，果树挖除后如果重新栽植苹果树或同类果树，再植树生长被抑制，或发生严重病害的现象，此种现象称为果树再植障碍，又称连作障碍。

1. 再植障碍发生特点

再植障碍通常会导致：①幼树生长衰弱，植株矮化，枝条节间缩短，抽条困难；②叶片失绿，叶面积缩小；③根系发育不良，须根少；④果实生长慢，果个小，产量低，品质差；⑤病害多发，寿命短。

2. 再植障碍发生的原因

苹果树在几十年的生长过程中与土壤进行了大量的物质交换和能量交换，既从土壤中吸收了丰富的无机与有机物质，也协同哺育了众多的生物，同时向土壤中也分泌排泄了大量的化学物质，结果其土壤环境与原土壤大不相同。

（1）生物因素。在苹果树长期生长过程中，根际土壤积累了种类繁多、数量巨大的病原微生物，包括真菌、细菌和线虫，真菌主要是腐霉属 *Pythium*、疫霉属 *Phytophora*、轮纹霉属 *Vytospora*、黑腐皮壳属 *Valsa* 及镰刀菌 *Fusarium* 的一些种类，引起根腐、颈腐、干腐和腐烂等；细菌主要是 *Pseudomonas* 种类，引起溃疡、干枯等，产生有毒物质，影响植株生长或死亡；根腐线虫 *Pratylenchus pratensis* 等造成根腐、根系生长缓慢、吸收养分能力差、枝梢黄化等。

（2）化感作用。土壤中存在大量的根系分泌物、病原微生物的代谢产物。在苹果树漫长的生长过程中，根系、根际微生物都会向环境中释放一些化学物质来影响周围植物生长，这些物质有直链醇、脂肪醛与酮、有机酸、复合醌、甾类化合物等，起促进或抑制两种作用。

（3）土壤理化性质改变。苹果树在长期的生长过程中，根系从土壤中吸收了大量养分，再栽植同种果树会因相同养分的缺乏使后作果树营养短缺，目前在生产中仅重视 N、P、K 的补充，而中、微量元素甚至个别特需元素会越缺越严重，造成营养元素失调。

3. 克服再植障碍的途径和方法

（1）深翻改土，清除果树残体。果树残体是果树发病的原因之一，老果园更新后，要尽量清除干净果树的残根。深翻会加速化感物的快速降解。

（2）轮作。植物病原菌多数都是选择性强的专性寄生菌，老果园更新后先种植生育期较短的禾本科作物，如大麦、油菜、谷子等，从而使果园原有的病原菌因寄主的缺乏而逐渐降低或饿死。也可使化感物的量逐渐降解掉。

（3）土壤消毒。对于由土壤中的习居菌引起的再植障碍，可以采用物理化学的方法对土壤进行消毒，以减轻连作危害。常用的化学药剂有棉隆、三氯异氰尿酸、恶霉灵等。棉隆：每 $667\,m^2$ 用 98% 微粒剂 30 kg，进行沟施或撒施，旋耕机旋耕均匀。盖膜密封 20 d 以上。三氯异氰尿酸：每 $667\,m^2$ 用 42% 三氯异氰尿酸粉剂 5 kg 与 20 kg 干细沙土混合均匀在旋耕土壤时撒施，药土混合均匀。恶霉灵：每 $667\,m^2$ 用 0.1% 恶霉灵颗粒剂 3 kg 撒施土壤表面，旋耕机旋耕均匀。

（4）选用抗性砧木。抗性砧木具有抵御土壤病原菌、线虫的能力，是解决再植障碍最为有效的途径。

（5）应用拮抗微生物。将人工筛选培养的拮抗微生物施入连作果园中，可以有效杀死或降低土壤中病原菌的密度，抑制病原菌的活动，减轻再植障碍的发生。

（6）增施有机肥。增加土壤有机质含量，改良土壤的物理状况，促进有益微生物的繁殖。

十六、苹果苦痘病

苹果苦痘病是缺钙引起的一种生理性病害。近年来该病害在套袋苹果园大量发生，部分品种非常严重，病果率接近 80%，已成为苹果生产发展的严重障碍。

1. 病害发生及症状特点

苦痘病是出现在果实成熟期和储藏期的病害，病斑多表现在果实的萼端及腰部，在同一株树上，树冠上层的果实发病重，果个大的发病重，下层果实、中等和小果发病轻。发病果实初期果面上出现比果皮颜色深的斑点，随后以皮孔为中心，形成近圆形深色硬斑。后期病斑褐色至暗褐色，边缘不整齐，稍凹陷。病斑皮下肉组织变褐，呈海绵状，果实味苦（图 4-26）。

图 4-26　苦痘病果

2. 发病原因

（1）水溶性钙是土壤中最易被吸收利用的钙，也是易遭受淋溶的钙。长期种植果树导致 0 ～ 30 cm 土层水溶性钙含量显著降低。

（2）过多地施用速效氮肥，或向土壤中过多地施钾肥，都引起钙的缺乏。

（3）钙是一种移动性差的元素，受树体、环境等因素的影响，到达果实中的钙含量严重不足。

3. 精准防治技术

（1）增施有机肥，果园生草，提高土壤有机质含量，平衡施肥，控制氮肥的施入量，秋施基肥时，适量添加水溶性钙肥。

（2）土壤补施水溶性钙肥。春季萌芽期，根施硝酸铵钙 50 kg/667 m^2。

（3）叶片和果实补钙。应在苹果花后 4 ～ 6 周进行，分 2 ～ 3 次连续根外喷施含钙叶面肥。历年缺钙严重的果园，还可在采果前 10 ～ 30 d 果实的第二次生长高峰期，开展果实采前喷施钙肥。常用的钙肥有糖醇钙、离子钙 [Ca(NO$_3$)$_2$、CaCl$_2$]、氨基酸钙和腐殖酸钙，使用浓度：160 g/L 糖醇钙水剂 1 000 倍液；Ca(NO$_3$)$_2$ 和 CaCl$_2$ 为 200 ～ 300 倍液；有机钙一般为 300 倍液。

十七、苹果小叶病

苹果小叶病是苹果生长期普遍发生的一种生理性病害，是由于树体缺锌造成的，对树冠的生长和树体的发育都产生了一定的影响。

1. 病害发生及症状特点

苹果小叶病是树体的锌素缺乏症，其症状主要表现在各级枝头上，其叶片为轮生状的小叶，叶色淡，叶片细长，叶片硬化，叶缘上卷（图4-27），展叶后顶梢叶片簇生，枝中下部光秃。后期病枝因营养不良逐渐枯死。土壤缺锌造成的小叶病往往是全园、成行或成片、整株分布。

图4-27　苹果小叶病

2. 发病原因

锌元素是苹果树生长发育过程中必不可缺的微量元素之一，树体内锌元素缺乏后，会导致树体营养失衡，造成生长素合成偏少，直接表现在新叶和新梢生长受阻。果园长期过量施用化肥，导致土壤板结、透气性差、根系发育不良，从而吸收锌元素的能力变差。另一方面，氮肥的过量使用，使树体需锌量增加。在果树冬季修剪过程中由于操作不规范，对树体过度修剪或对强旺枝过度极重短截，会造成小叶病局部发生。

3. 精准防治技术

土壤缺锌引起的小叶病树，可通过多施有机肥疏松土壤，加强根系活跃性，再进行土壤补锌和根外喷锌来矫正。对于因修剪不当造成的小叶病树要因树制宜合理修剪。长、中、短结合并按一定比例合理搭配，保证树体结构合理、通风透光。冬季修剪尽量避免冻害，同时不能在同一部位造伤太多。

（1）增施有机肥，果园生草，弱化土壤 pH，增加锌盐的溶解度，以利于树体吸收利用。

（2）花前喷锌。如发现果树推迟发芽，应及时喷 0.2% 硫酸锌＋0.3%～0.5% 尿素混合液。尿素可促进锌的吸收。

（3）根施锌肥。苹果树发芽前，树下挖放射沟，株施 50% 硫酸锌粉 1～1.5 kg，可根据树冠大小灵活掌握追施量。

（4）生长季节，可喷 0.3% 硫酸锌＋0.3% 尿素混合液或 70% 安泰生可湿性粉剂 700 倍液。

（5）对于补锌后效果不显著的苹果树，可加喷抗病毒病的药剂，以弥补可能会因同时有病毒感染而引起的病毒病混发。

十八、苹果黄叶病

苹果黄叶病是苹果产区普遍发生的一种叶片黄化病，是由树体缺少铁元素而引起的生理性病害，严重影响了树体的光合作用和正常生长，特别是在盐碱地果园和个别砧木上尤为突出。

1. 病害发生及症状特点

苹果黄叶病属于树体缺铁失绿病。由于铁元素在植物体内移动性差，所以缺铁失绿症状最先表现在新梢顶端的幼嫩叶片上，叶肉失绿变黄，叶脉仍保持绿色，整个叶片呈绿色网纹状，随着病情的发展，叶缘焦枯，全叶成黄白色，严重时，叶片枯黄脱落，新梢顶端逐渐枯死（图 4-28）。

2. 发病原因

铁元素对叶绿素的合成有催化作用，铁又是呼吸酶的构成成分之一，所以缺铁时，苹果树体的叶绿素合成受阻，叶片表现出失绿黄化。造成缺铁的原因有：

图 4-28 黄叶病叶

（1）果园土壤真正缺铁。

（2）果园土壤并不缺铁，只是土壤退化、盐碱化加重，致使土壤中的可溶性二价铁离子转换为不溶的三价铁，不能被苹果树吸收利用，从而表现缺铁。

（3）砧木原因。以山定子作砧木的苹果树易发生黄叶病；SH 砧木在陕西渭北也容易发生黄叶病。

3. 精准防治技术

（1）增施有机肥，果园生草，改良土壤，改善土壤的理化性质，释放被固定的铁元素。

（2）土壤补充可溶性铁。在秋季追施基肥时，混合施入硫酸亚铁，成龄树施入量为 0.3 ~ 0.5 kg/ 株。

（3）叶面喷雾。在苹果落花后，随着每次施药防治其他病虫害，一起混入 0.3% 硫酸亚铁溶液或柠檬酸铁溶液，或喷黄腐酸二胺铁 200 倍液 +0.3% 尿素溶液。

（4）避免使用山定子、SH 等易黄化的砧木。

（5）根施。果树萌芽前（3月下旬）将硫酸亚铁与腐熟的有机肥混合，挖沟施入根系分布的范围内，一般将硫酸亚铁 1 份粉碎后与有机肥料 5 份混合施入。也可在秋季结合施基肥进行。切忌在生长期施用，以免发生药害。

第五章

苹果主要害虫发生特点及精准防控技术

一、苹果黄蚜

苹果黄蚜又名绣线菊蚜，属昆虫纲、同翅目、蚜虫科昆虫，分布广、寄主多，苹果、梨、桃、山楂等果树均可危害。黄蚜为刺吸式口器，以若蚜、成蚜群集于苹果嫩梢、嫩叶背面及幼果表面刺吸为害，影响光合作用，抑制新梢生长，导致叶片早期脱落和树势衰弱。

1. 发生为害的特点

（1）吸收苹果的养分汁液，卷叶、缩叶，引起新梢生长受阻。黄蚜常群集于苹果嫩梢、嫩叶背面取食，结果造成叶面和叶背生长的不平衡，因而使叶片卷曲起来，黄蚜为害后叶片向叶背面横卷（图5-1、图5-2）。

图 5-1　苹果黄蚜　　　图 5-2　危害嫩叶嫩稍

（2）大量排泄物。黄蚜取食过程中会产生大量排泄物——蜜露，蜜露排在叶片上，阻塞叶片的气孔，影响叶片呼吸，使生理作用受阻。蜜露还招致其他微生物繁殖。

2. 发生规律

年发生 10 余代，以卵的形式在寄主枝梢的皮缝、芽旁越冬。翌年苹果芽萌动时开始孵化，约在 5 月上旬孵化结束。初孵若蚜先在芽缝或芽侧为害 10 d 后，产生无翅和少量有翅胎生雌蚜。5 ～ 6 月间继续以孤雌生殖的方式产生有翅和无翅胎生雌蚜（图

图 5-3　无翅与有翅蚜

5-3）。6 ～ 7 月间繁殖最快，产生大量有翅蚜扩散蔓延造成严重为害。7 ～ 8 月间气候不适，发生量逐渐减少，秋后又有回升。10 月间出现性母，产生性蚜，雌雄交尾产卵，以卵越冬。

3. 精准防控技术

（1）休眠期防治。早春苹果萌芽前喷施 48% 乐斯本乳油 800 倍液，或 95% 机油乳剂 100 倍液，消灭越冬卵。

（2）生长期防治。新梢抽生初期，树上喷药。可选择 25% 噻虫嗪水分散粒剂 5 000 ～ 10 000 倍液，或 20% 啶虫脒可溶性粉剂 6 000 倍液，或 20% 呋虫胺悬浮剂 1 500 倍液，或 10% 氟啶虫酰胺水分散粒剂 3 000 倍液，或 22% 氟啶虫胺腈悬浮剂 4 000 倍液，或 50 g/L 的双丙环虫酯可分散液剂 18 000 倍液，或 240 g/L 螺虫乙酯悬浮剂 4 000 倍液，或吡虫啉系列产品 1 500 ～ 2 000 倍液喷雾。

二、苹果绵蚜

苹果绵蚜是昆虫纲、同翅目、瘿绵蚜科、绵蚜属昆虫。通常寄

生在苹果枝干的粗皮裂缝、剪锯口、新梢叶腋以及地表根际等处（图5-4 至图 5-6），吸取树液，消耗树体营养。果树受害后，树势衰弱，新梢生长延缓。为害以苹果为主，还可为害沙果、山楂等。

图 5-4　萌蘗受害　　　图 5-5　为害新梢　　　图 5-6　越冬绵蚜

1. 发生为害的特点

（1）1 龄幼虫可随绵毛、风雨传播。

（2）群聚性强，以低龄若虫群居在树皮裂缝、剪锯口、根蘗基部越冬。利于防治。

（3）为害苹果嫩梢、叶腋、嫩芽，刺吸汁液，同时分泌体外消化液，刺激苹果受害部组织增生，形成肿瘤，影响营养输导和光合作用，使叶片早落。

2. 发生规律

一年发生 15 ～ 18 代。以低龄若虫在树皮裂缝、剪锯口、根蘗基部和浅土层的根上过冬。4 月上旬越冬若虫开始活动，5 月上旬开始向周围扩散，转移到嫩枝叶腋和芽基部为害，蚜虫老熟后便可进行孤雌胎生繁殖，并能产生少量有翅雌蚜，向周围树上迁移。6 月为为害盛期；7 ～ 8 月高温不利于蚜虫的繁殖；9 ～ 10 月随着气温下降，绵蚜的发生和繁殖再次变得严重；进入 11 月份，随着气温下降，若虫陆续进入越冬状态。

3. 精准防控技术

（1）合理修剪，剪除病虫枝。

（2）人工防治。冬季休眠期和早春用刀刮或刷子刷，消灭越冬的 1 ~ 2 龄若虫。或用 40% 毒死蜱乳油 100 倍液添加适量泥浆涂刷涂抹越冬部位。

（3）树上喷药。在苹果绵蚜发生高峰期喷药，常用药剂有 20% 呋虫胺悬浮剂 1 500 倍液，或 25% 噻虫嗪水分散粒剂 5 000 ~ 10 000 倍液，或 48% 乐斯本乳油 800 ~ 1 000 倍液，或 2.5% 扑虱蚜可湿粉 1 000 倍液，或 5% 啶虫脒可湿粉 2 000 倍液，或 240 g/L 螺虫乙酯悬浮剂 4 000 倍，或 22% 吡·毒乳油 2 000 倍液，喷药时最好同时混加含油量 0.5% 矿物油乳剂。

三、苹小卷叶蛾

苹小卷叶蛾是以幼虫吐丝卷叶为害的昆虫，隶属昆虫纲、鳞翅目、卷叶蛾科、褐带卷蛾属，为害苹果、梨、桃、山楂等多种果树及多种林木。通常以初龄幼虫啃食新芽、嫩叶和花蕾，以稍大幼虫吐丝缀连多片叶成苞为害，被害叶成网状或空洞，还啃食靠近叶片果实的果皮（图 5-7、图 5-8），严重发生时，给生产造成重大损失。

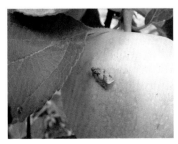 

图 5-7　苹小卷叶蛾成虫　　　　图 5-8　苹小卷叶蛾幼虫

1. 发生为害的特点

（1）苹果展叶后，幼虫吐丝缀连叶片，潜居缀叶中取食叶肉为害。

（2）幼虫将叶片缀连在果实上，啃食果皮及果肉，形成残次果。幼虫有转果为害习性。

（3）趋光趋化性强，便于测报和诱集。

2. 发生规律

在陕西渭北果区，年发生 3～4 代（图 5-9），以 2 龄幼虫在粗翘皮下、主枝分叉处、剪锯口周缘裂缝中结白色薄茧越冬。第二年 4 月上旬苹果树萌芽后越冬幼虫出蛰，出蛰幼虫吐丝缠结幼芽、嫩叶和花蕾为害，4 月中旬老熟幼虫在卷叶中结茧化蛹，4 月底田间已有越冬代成虫出现，盛期在 5 月上旬末，5 月底结束。5 月上旬末为第 1 代幼虫初孵期，盛期在 5 月中下旬，6 月下旬第 1 代成虫开始羽化，7 月中旬为羽化盛期，7 月底第 1 代成虫羽化结束。第 2 代幼虫在 7 月上旬出现，盛期在 7 月中旬，7 月下旬第 2 代成虫开始羽化，8 月上旬为这一代成虫的羽化盛期，直到 8 月底结束，这一代成虫的数量是

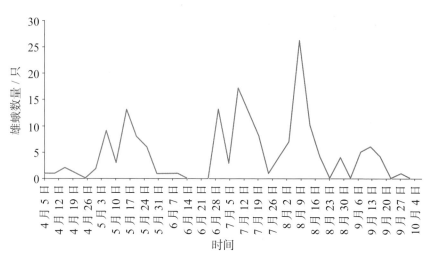

图 5-9 苹小卷叶蛾年发生规律（陕西白水）

一年当中最多的。9月上旬又有苹小卷叶蛾成虫羽化，为第3代成虫，但数量很少，每10 d的诱捕量在5头左右，直至9月下旬结束，这表明在渭北果区苹小卷叶蛾发生4代比例较低，其种群以发生3代为主。成虫昼伏夜出，有趋光性和趋化性，对黑光灯和糖醋液有很强的趋性。

3. 精准防控技术

（1）清园。清除园内杂草、落叶，树上的虫苞，粗皮、剪锯口、老翘皮等越冬处的幼虫，消灭越冬虫源，减少害虫基数。

（2）诱杀。在成虫发生期，利用黑光灯、太阳能杀虫灯、频振式杀虫灯或者糖醋液、性诱芯等方式诱杀成虫。性诱杀一般在苹果展叶后即可在果园悬挂苹小卷叶蛾性诱芯，诱芯数量以5枚/667 m^{2}为宜，悬挂高度约1.5 m，诱芯外辅以对折的粘虫板，以便将苹小卷叶蛾的雄成虫粘附灭杀，也可将诱芯直接粘在粘虫板上。

（3）生物防治。在成虫产卵初期人工释放松毛虫赤眼蜂2.5万～3万头/667 m^2。

（4）药剂防治。对发生虫量大的果园，于越冬幼虫出蛰期及第一代幼虫初孵期采用树上喷药，药剂选择240 g/L螺虫乙酯悬浮剂3 000～4 000倍液，或35%氯虫苯甲酰胺悬浮剂20 000倍液，或20%虫酰肼悬浮剂1 000～2 000倍液，或25%灭幼脲悬浮剂1 500～2 000倍液，或5%氟啶脲乳油2 000～3 000倍液，或25 g/L高效氟氯氰菊酯水乳剂1 500～2 000倍液，或1.8%阿维菌素乳油5 000倍液。

四、顶梢卷叶蛾

顶梢卷叶蛾是苹果生产中常见的一种专一为害新梢顶端叶片的卷叶蛾，属于昆虫纲、鳞翅目、小卷叶蛾科、白小卷蛾属。为害时幼虫吐丝将顶端3～4片嫩叶缀连成团，幼虫潜于其中取食新梢、嫩叶，阻碍新梢生长发育（图5-10）。除苹果外，梨、桃、山楂等果树也是其为害寄主。

幼虫　　　　　　　　　　蛹

成虫　　　　　　　　　为害状

图5-10　顶梢卷叶蛾

1. **发生为害的特点**

（1）幼虫喜于危害枝梢端部嫩叶及生长点，影响新梢发育及花芽形成。

（2）幼虫危害嫩叶时，吐丝将其缀成团，匿身其中，取食叶肉。

（3）越冬场所单一，仅以3龄幼虫在枝梢顶端的卷叶中结茧越冬。被害梢顶端的枯叶，因被幼虫吐出的丝缠连，往往残存不落，利于识别。

2. **发生规律**

在陕西渭北果区，年发生2～3代，以3龄幼虫在枝梢顶端的卷叶中结茧越冬。第二年4月初苹果树花芽开绽期出蛰，出蛰幼虫就近转移到新梢幼芽、嫩叶处，吐丝将多片嫩叶卷缀在一起成苞团状，藏身其中，就近取食花蕾、嫩叶。幼虫老熟后在卷叶苞团中结茧化蛹。6月上旬出现越冬代成虫，卵产在叶片背面。7月中下旬出现第一代成虫。幼虫为害到10月下旬，至3龄阶段，便在顶梢卷叶内结茧越冬。成虫有弱的趋光性，昼伏夜出，白天多潜伏于叶背或隐蔽的枝条上，夜晚活动，交尾产卵。

3. 精准防控技术

（1）剪除虫梢，消灭越冬幼虫。结合冬季修剪，剪除虫梢并加以烧毁，消灭越冬幼虫。

（2）化学防治。4月初苹果树花芽开绽后，树上喷雾240g/L螺虫乙酯悬浮剂3 000～4 000倍液，兼治苹果介壳虫；6月底至7月初，在第一代卵孵盛期树上喷药防治，选择药剂同与苹小卷叶蛾害虫的。

五、苹毛金龟子

苹毛金龟子为昆虫纲、鞘翅目、金龟甲科、毛丽金龟属害虫，近年来在山地果园危害较大，以成虫为害苹果的花蕾、花瓣和嫩叶，果园花、叶接近被吃光（图5-11），幼虫取食地下嫩根。食性复杂，对苹果、梨、桃、杏多种果树及林木有害。

图5-11　苹毛金龟子

1. 发生为害的特点

（1）苹果树现蕾后，越冬成虫开始转到树上为害，取食花蕾、花瓣和嫩叶。

（2）在陕西渭北果区，幼虫的为害期在4月上旬至5月中旬之间。

（3）成虫有假死性，昼出夜伏，在中午前后活动最盛，无趋光性。

2. 发生规律

在陕西渭北果区，年发生1代，以成虫在果园土壤30cm左右深蛹室内越冬。第二年春季苹果萌芽期，越冬成虫向地表移动开始出土，潜伏于田间枯草间，4月上旬现蕾后，成虫开始转到树上为害，取食花蕾、花瓣和嫩叶。进入4月中旬后成虫开始交尾产卵，4月下旬为产卵盛期。卵多产在土壤表层，初孵幼虫多在土壤浅层活动，3龄后转移至苹果根系处为害，7月中旬开始幼虫陆续老熟，再转入土层30cm以下做土室化蛹，羽化结束后成虫便在土室中越冬。

3. 精准防控技术

（1）土壤处理，灭杀出土成虫。春季在苹果萌芽前耙松树盘下土壤，在现蕾前撒施5%毒死蜱颗粒剂1.5kg/667m^2，将药、土混匀，再适当镇压土表。

（2）树盘下覆膜，封杀成虫。3月下旬，整平树盘下土壤，再覆上黑膜或黑色地布，用土封压膜两边，从而阻止成虫出土。膜或地布的宽度根据树冠的大小确定，一般是膜的边缘达到树冠外围的投影处。树盘下覆膜，不但能够阻止成虫出土，还能提高地温、保墒除草。

（3）捕杀成虫。在成虫发生期，可利用其假死性，早晚振摇树枝，待成虫落地后再捡拾捕杀。

（4）药剂防治。田间发生量较大时可辅以药剂防治，可选择

4.5% 高效氯氰菊酯水乳剂 1 000 ～ 1 500 倍液，或 15.5% 甲维·毒死蜱水乳剂 2 000 ～ 2 500 倍液树上喷雾。

六、铜绿金龟子

铜绿金龟子属昆虫纲、鞘翅目、丽金龟科、丽金龟属害虫，成虫铜绿色，是一种以成虫为害苹果嫩叶的金龟子（图 5-12），使被害叶片残缺不全，严重时整株叶片全被食光，仅留叶柄。在各地果园普遍发生，尤以山地果园受害最重。铜绿金龟子寄主广，除苹果外，还可为害梨、桃、杏及多种林木和其他农作物，危害非常大。

幼虫　　　　　　　　　　　　　成虫

图 5-12　铜绿金龟子

1. **发生为害的特点**

（1）在苹果园，铜绿金龟子的成虫、幼虫都能造成为害，成虫取食嫩芽、嫩叶，幼虫在土中为害根系。

（2）在渭北果区，成虫在树上的为害始于 6 月上旬，盛期在 6 月中下旬。

（3）成虫有假死性和趋光性，昼伏夜出，取食为害，交尾产卵。

2. **发生规律**

在陕西渭北果区，年发生 1 代，以 3 龄幼虫在果园土壤中越冬。第二年惊蛰后，越冬幼虫开始向地表移动，为害根系。5 月上中旬在土壤表层做土室化蛹，5月下旬越冬代成虫羽化出土，成虫发生盛期在6月中、下旬。成虫昼伏夜出，取食为害，交尾产卵。卵散产于土壤表层，卵期10 d左右。孵化幼虫在表土层继续为害苹果根系，进入10月份后，幼虫向土壤深层转移，准备越冬。

3. 精准防控技术

（1）土壤处理，灭杀出土成虫。结合防治苹毛金龟子一起实施。

（2）树盘下覆膜，封杀成虫。结合防治苹毛金龟子一起实施。

（3）黑光灯诱杀。5月下旬在成虫羽化期，利用其趋光性，田间悬挂黑光灯，于傍晚开启，诱杀成虫。

（4）药剂防治。成虫大发生时可选择4.5%高效氯氰菊酯水乳剂1000～1500倍液，或15.5%甲维·毒死蜱水乳剂2000～2500倍液树上喷雾。

七、苹果球蚧

苹果球蚧系昆虫纲、同翅目、蜡蚧科、球蚧属害虫，以若虫和雌成虫吸食苹果枝干、果实和叶片汁液（图5-13）。受害树体生长势弱，枝梢生长不良，重者枝条枯死。梨、山楂、桃等果树也是该虫的寄主。

图5-13 苹果球蚧

1. 发生为害的特点

（1）苹果树萌芽期越冬若虫开始为害。

（2）5月下旬初孵幼虫从母壳下的缝隙爬出分散到嫩枝或叶背固着为害，初孵幼虫体外无蜡壳保护，是药剂防治的有利时机。

2.发生规律

在陕西渭北果区,年发生1代,以2龄若虫在1～2年生枝上及芽旁固着越冬。翌春苹果萌芽期越冬若虫在原地吸食为害,雌雄分化,雌虫体膨大呈卵圆形,褐色,分泌大量蜡液。雄虫暗褐色椭圆形,背部隆起并分泌白色蜡粉。4月下旬至5月上、中旬为雄成虫羽化期,交尾后雄成虫死亡。5月中旬前后开始产卵于体下。5月下旬开始孵化,初孵幼虫从母壳下的缝隙爬出分散到嫩枝或叶背固着为害,发育极缓慢,落叶前才脱皮为2龄,之后转移到枝上固着越冬。行孤雌生殖和两性生殖,一般发生年份很少有雄虫。

3.精准防控技术

(1)剪除虫枝,消灭越冬若虫。结合冬季修剪,剪除虫梢并烧毁,消灭越冬幼虫。

(2)树体萌芽前后用22.4%螺虫乙酯悬浮剂3 000倍,或25%噻虫嗪水分散粒剂2 000倍,或22%氟啶虫胺腈悬浮剂10 000倍,配合矿物油防治开始活动的若虫。

(3)5月下旬幼虫初孵期再次用药防治。

八、金纹细蛾

金纹细蛾属昆虫纲、鳞翅目、细蛾科、细蛾属昆虫,是苹果园的常发性害虫,以幼虫潜入叶片,取食叶肉,残留下表皮,造成叶片黄化衰老,提前脱落,给当年的苹果产量和下一年的成花都会造成严重的损失。除苹果外,金纹细蛾还能为害梨、桃、李等果树。

1.发生为害的特点

(1)以初孵幼虫由卵壳下蛀入叶背面表皮,取食叶肉,使叶面呈现黄绿色网眼状虫斑(图5-14至图5-17)。

图 5-14　待化蛹幼虫

图 5-15　成虫

图 5-16　受害叶片

图 5-17　叶部害状

（2）5月底至8月底是一年中为害最严重的季节，受害叶片黄化衰老，提前脱落。

2. 发生规律

在陕西渭北果区，一年发生 3～4 代（图 5-18）。以蛹在被害的落叶内过冬。次年3月底苹果芽开绽后越冬代成虫开始羽化，直到4月底结束。卵多产在幼嫩叶片背面绒毛下，卵单粒散产，卵期 7～13 d。幼虫孵化后从卵底直接钻入叶片中潜食叶肉，致使叶背被害部位仅剩下表皮，叶正面表皮鼓起皱缩，外观呈泡囊状，泡囊约有黄豆粒大小，幼虫潜伏其中，被害部内有黑色粪便。老熟后就在虫斑内化蛹。成虫羽化时，蛹壳一半露在表皮之外，极易识别。第 1 代成虫于 5 月下旬开始在田间出现，发生期直至 6 月下旬。第 2 代幼虫在 6 月中旬即可在田间见到，盛期在 6 月下旬和 7 月上旬，在 7 月下旬还能见到

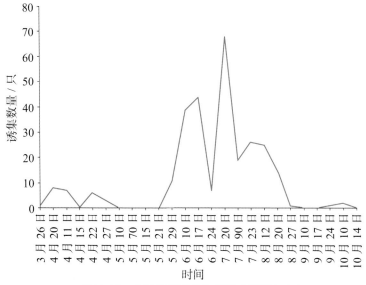

图 5-18 金纹细蛾年发生规律（陕西白水）

第 2 代幼虫。其他各代成虫发生的时间：第 2 代为 6 月下旬，7 月上旬为第 2 代成虫发生盛期，也是一年中成虫出现数量最多的时期。第 3 代成虫出现在 7 月中旬，其数量较第 1 代和第 2 代都为少，这一代成虫发生的时期较长，直到 8 月底。之后再很少见到成虫，直到 9 月底田间又有少量的成虫出现，即第 4 代成虫，从图 5-18 所示的诱集数量看，这一代的数量很少，也表明在渭北果区金纹细蛾类群主要发生 3 代，少量 4 代。6 ～ 8 月是全年中为害最严重的时期。

3. 精准防控技术

（1）清扫落叶，降低虫口数量。秋冬季彻底清洁果园，消灭落叶中的越冬蛹。春季利用第一代卵喜欢产在苹果根蘖苗上的习性，富集虫卵，等苹果谢花后，全部铲除根蘖苗，消灭上面的虫卵及幼虫。

（2）性诱捕器诱杀成虫。5 月下旬后，田间悬挂金纹细蛾性诱剂诱芯诱杀其雄成虫。一般地，先将诱芯粘附在粘虫板上，再悬挂在高度为 1.5m 左右枝条上，数量 5 枚 /667m²，30 ～ 40d 更换 1 次，直至 8 月底。

（3）药剂防治。进入6月中旬后，如果第一、二代幼虫大量发生，需要借助化学药剂防治，可使用35%氯虫苯甲酰胺悬浮剂6 000～8 000倍液，或25%灭幼脲悬浮剂1 500～2 000倍液，或20%氟铃脲悬浮剂4 000～6 000倍液，或10%醚菊酯悬浮剂1 000～1 500倍液，或1.8%阿维菌素乳油5 000倍液。

九、桃小食心虫

桃小食心虫（图5-19至图5-22）属昆虫纲、鳞翅目、蛀果蛾科、桃蛀果蛾属昆虫，为害寄主涵盖苹果、梨、山楂、桃、杏等，以幼虫钻蛀苹果果实为害，受害果实畸形，内含虫粪，完全失去食用价值，给生产造成重大损失。

图5-21　成虫

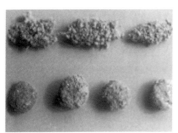

图5-19　冬茧与夏茧

图5-20　幼虫

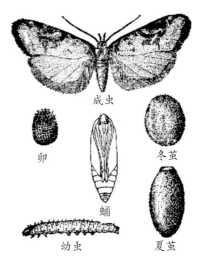

图5-22　桃小食心虫

1. **发生为害的特点**

（1）以初孵幼虫直接钻入果实为害，果面留有蛀果孔，孔口处留有胶状蜡质膜。

（2）7月上旬第一代幼虫蛀果，幼虫全程生活在果实内，虫粪排在其中，果实畸形，失去食用价值。

（3）成虫昼伏夜出，卵多产在果实萼洼附近。

2. **发生规律**

在陕西渭北果区，年发生1～2代（图5-23），以老熟幼虫结扁圆形的冬茧在树盘土壤中越冬。第二年5月上旬已有零星越冬幼虫破茧爬出，随之在土壤表面的土块下再结夏茧，接着在其中化蛹，5月下旬后陆续有越冬代成虫羽化，6月中旬羽化达到高峰，由于受气候和土下越冬深度的影响，越冬代幼虫出土时间持续较长，达1月有余，成虫羽化直到7月下旬。成虫在果实上产卵，幼虫孵出后蛀入果内为害，第1代幼虫最早在6月中旬就能见到，高峰出现在7月上、中旬，8月底还能见到第1代幼虫，第1代成虫在7月底

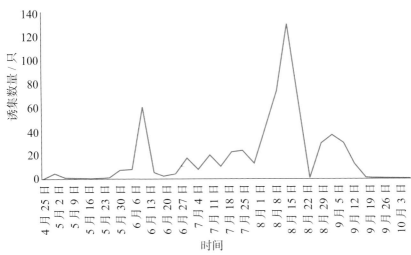

图5-23　桃小食心虫年发生动态（陕西白水）

开始羽化，8月上、中旬羽化达到高峰，之后仍有少量成虫羽化，直到9月中旬。7月下旬后陆续有幼虫老熟脱果，第2代的幼虫在果内为害至8月中、下旬后脱果，一直到10月陆续入土越冬。

3. 精准防控技术

（1）树盘下覆膜，封杀成虫出土上树。3月下旬，结合防治金龟子等害虫，整平树盘下土壤，再覆上黑膜或黑色地布，用土封压膜两边，从而阻止成虫出土。

（2）性诱捕器诱杀成虫。5月下旬后，田间悬挂桃小食心虫性诱剂诱芯诱杀其雄成虫。悬挂诱芯数量为5枚/667m^2，在田间均匀排布，悬挂高度以1.5 m为宜。诱捕器中的粘虫板在粘满害虫后，要及时更换新板。用后1个月要检查连续3 d的诱集虫量，再确定是否更换诱芯。

（3）果实套袋。5月下旬后，果实套袋保护，阻止成虫在果实上产卵。

（4）药剂防治。根据田间发生程度，从6月底卵孵化盛期开始，至7月中旬幼虫孵化高峰期连续用药2次进行防治。药剂可选择35%氯虫苯甲酰胺悬浮剂6 000～8 000倍液，或20%氟铃脲悬浮剂4 000～8 000倍液，或10%醚菊酯悬浮剂1 000～1 500倍液，或1.8%阿维菌素乳油5 000倍液，或25 g/L高效氟氯氰菊酯水乳剂1 500～2 000倍液。

十、梨小食心虫

梨小食心虫属昆虫纲、鳞翅目、卷蛾科、小食心虫属昆虫，其分布广，寄主多，除苹果外，还可为害桃、梨、杏、山楂等，食性杂，既能蛀食果实，还能为害新梢（图5-24至图5-29）。近年来该虫在多地为害造成的损失已超过桃小食心虫，成为苹果生产的主要限制因素之一。

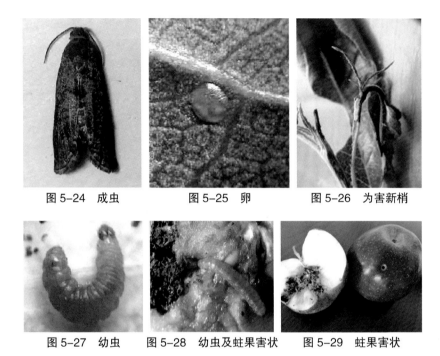

图 5-24　成虫　　　　　图 5-25　卵　　　　　图 5-26　为害新梢

图 5-27　幼虫　　　图 5-28　幼虫及蛀果害状　　　图 5-29　蛀果害状

1. 发生为害的特点

（1）具有寄主转移和为害部位转移的特性，一般先为害桃梢、桃果，再为害梨和苹果果实。

（2）苹果主要在 7 月份遭受梨小食心虫为害，幼虫从萼洼或梗洼蛀入，蛀孔周围变黑腐烂。

（3）成虫对糖醋液、果汁及黑光灯有强烈的趋性。

2. 发生规律

在陕西渭北果区，年发生 4～5 代（图 5-30），以老熟幼虫在树干翘皮下、粗皮裂缝和树干绑缚物等处做一薄层白茧越冬。越冬幼虫 3 月底开始化蛹，4 月上旬开始羽化为成虫，直至 5 月上旬。4 月下旬至 5 月中旬为第 1 代幼虫孵化期，孵出幼虫为害桃梢；第 1

代成虫出现在 5 月中旬至 6 月中旬；第 2 代幼虫出现在 5 月下旬至 6 月中旬，为害桃梢、杏和山楂果实，第 2 代成虫出现在 6 月中旬到 7 月上旬；第 3 代幼虫出现在 6 月下旬至 7 月上、中旬，主要为害梨果和苹果果实，第 3 代成虫出现 7 月上旬至 7 月底；第 4 代幼虫发生期在 7 月下旬至 8 月中下旬，为害梨、苹果和山楂果实，第 4 代成虫出现在 7 月下旬，这一代成虫发生的数量最大，持续的时间最长，在 9 月中、下旬还有成虫发生；第 5 代幼虫发生期在 8 月中、下旬至 10 月上旬，发生期最长，主要为害苹果果实，发生期早的幼虫已脱果结茧越冬，少量发生期晚的幼虫仍在果内继续为害，成长老熟后脱果。

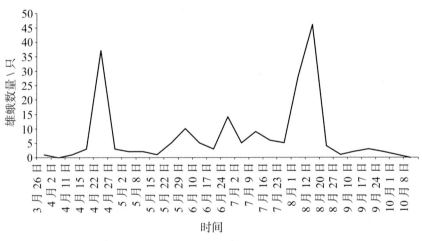

图 5-30 梨小食心虫年发生动态（陕西白水）

3. 精准防控技术

（1）人工防治。早春刮树皮，消灭翘皮下和裂缝内越冬的幼虫；秋季幼虫越冬前，在树干上绑诱虫带或草把，诱集越冬幼虫，入冬后或翌年早春解下烧掉，消灭其中越冬的幼虫；春季发现桃梢或苹果梢受害时，及时剪除被害梢，深埋或烧掉，消灭其中的幼虫。

（2）果实套袋。5月底果实及时套袋，防止第3代及以后各代幼虫威胁果实。

（3）性外激素诱杀。4月中旬在越冬代成虫羽化期，田间悬挂性诱芯，诱杀梨小食心虫雄成虫，悬挂诱芯数量为5枚/667 m²，在田间均匀排布，悬挂高度以1.5 m为宜，这期间如果诱捕器中粘虫板已粘满害虫，应立即更换。1个月后根据田间诱集的雄虫数量，确定是否更换诱芯。

（4）黑光灯或糖醋液诱杀。根据梨小食心虫成虫的趋光性和趋化性，可在田间安装黑光灯和悬挂糖醋液进行诱杀。诱杀的时间可从4月中旬开始，安装黑光灯最好选择以太阳能作动力的，安装方便、成本低廉。糖醋液挂瓶6个/667 m²，每个挂瓶最好添加少许杀虫剂。

（5）药剂防治。药剂防治的适期是各代成虫产卵盛期和幼虫孵化期，为防止果实受害，重点防治第三、四代幼虫。在成虫出现高峰后即可喷药。在发生严重的年份，可在成虫发生盛期前、后各喷1次药，控制其危害。药剂可选择35%氯虫苯甲酰胺悬浮剂6 000～8 000倍液，或20%除虫脲悬浮剂1 500～2 000倍液，或1%甲氨基阿维菌素苯甲酸盐乳油3 000倍液，或微生物源杀虫剂Bt乳剂。

十一、星天牛

星天牛属昆虫纲、鞘翅目、天牛科、星天牛属，是一种蛀害枝干的害虫，可危害苹果、梨、樱桃、李等果树。星天牛幼虫在枝干内蛀食木质部及髓部，造成树势衰弱，生长不良，结果减少，枝干或全树枯死（图5-31至图5-35）。

图 5-31　产卵枝

图 5-32　幼虫

图 5-33　幼虫及为害状

图 5-34　成虫

图 5-35　蛀孔及为害状

1. 发生为害的特点

（1）成虫啃食细枝嫩芽，幼虫蛀食树干木质部与髓部，形成不规则的扁平虫道，虫粪排在虫道之中，虫道方向不定，隧道外蛀有通气排粪孔。

（2）成虫5月底至6月上、中旬羽化出孔，补充营养后交尾产卵。

2. 发生规律

在陕西渭北果区，1～2年发生1代，以幼虫在坑道内越冬，或以9月中旬以后产出的卵越冬。翌年3月下旬越冬幼虫开始活动取食，4月底在坑道上部筑蛹室，5月底至6月上旬为化蛹盛期，蛹期13～24 d。成虫在6月上旬出现，6月中旬～7月下旬为成虫盛期，6月上旬至8月上旬为产卵期，产卵前雌虫咬椭圆形刻槽，卵产于皮层与木质部之间，产卵后分泌黏液以蛀屑堵塞孔口。幼虫于6月中旬孵化，孵化盛期在7月中、下旬，3龄以后蛀入木质部内，常蛀成近"S"形或"U"形的坑道。

3. **精准防控技术**

星天牛的防治，要把消灭成虫和幼虫结合起来，把成虫消灭在产卵以前，把幼虫消灭在为害初期。

（1）扑杀成虫。在成虫发生期人工捕杀。

（2）主干涂白，防止成虫产卵。

（3）药剂防治。6月中旬在幼虫初孵期和成虫羽化盛期，使用药剂2%噻虫啉微囊悬浮剂1 000倍液，或480 g/L毒死蜱乳油1 000倍液，或4.5%高效氯氰菊酯水乳剂1 000～1 500倍液，或15.5%甲维·毒死蜱水乳剂2 000～2 500倍液树上喷雾。

十二、苹果小吉丁虫

苹果小吉丁虫属昆虫纲、鞘翅目、吉丁虫科、吉丁属。寄主广，可为害苹果、梨、桃、樱桃等多种果树。通常以幼虫蛀食枝干皮层为害，使木质部和韧皮部内外分离。随着幼虫的不断生长深达木质部，严重为害枝干的韧皮部和形成层，虫道内充满褐色粪便，蛀道内常流出红色或黄色汁液，被害部皮层变成黑褐色，干裂枯死（图5-36至图5-39）。

1. **发生为害的特点**

（1）4～5月是全年为害最严重的时期。

图5-36　蛹　　　　　图5-37　幼虫及为害状

图 5-38　成虫　　　　　　　　图 5-39　为害状

（2）成虫在 6 月下旬至 8 月上旬在田间出现，成虫有趋光性，昼出夜伏。

2. 发生规律

在新疆、甘肃等局部果区发生，年发生 1 代，以低龄幼虫在被害处皮层下蛀道内越冬。次年 3 月下旬至 4 月上旬幼虫开始串食皮层为害，造成凹陷、冒油、枯死等为害状。5 月中、下旬至 6 月中旬为害最严重，5 月下旬幼虫开始在木质部内化蛹，蛹期为 12 d。6 月下旬出现成虫，7 月中旬至 8 月上旬是成虫出现的高峰期，持续 20 d 左右。8 月下旬后出现产卵高峰，卵多产在枝干的向阳面。9 月上旬为幼虫孵化高峰，幼虫孵化后立即蛀入表皮浅层为害，蛀成弯曲状不规则的隧道。随着虫龄增大，逐渐向深层为害。10 月下旬幼虫开始越冬。成虫具有假死性，喜欢温暖阳光，在白天活动，常在中午绕树冠飞行。

3. 精准防控技术

（1）加强果园管理。在秋季（10 月）幼虫越冬前或春季幼虫开始活动期，利用幼虫在韧皮部和木质部之间活动，潜伏部位较浅时药剂涂抹虫疤。如：48% 毒死蜱乳油∶1.8% 阿维菌素乳油∶煤油或柴油 =1∶1∶40。成虫发生期，于上午 9:00 ～ 11:00，利用成虫静伏在树上期间，喷药防治。

（2）黑光灯或频振式杀虫灯诱杀。6 月下旬，每天傍晚打开杀虫灯，诱杀成虫。

（3）药剂防治。8月下旬～9月上旬在产卵高峰至幼虫初孵期，树上喷雾240g/L螺虫乙酯悬浮剂3 000～4 000倍液喷雾，防治卵和幼虫。或者在3月下旬至4月上旬越冬幼虫开始为害，选择22%螺虫·噻虫啉悬浮剂3 000～4 000倍液或30%联苯·螺虫酯悬浮剂3 000～4 000倍液喷雾，兼杀介壳虫。也可在成虫发生期，选择药剂480g/L毒死蜱乳油1 000倍液，或4.5%高效氯氰菊酯水乳剂1 000～1 500倍液，或15.5%甲维·毒死蜱水乳剂2 000～2 500倍液树上喷雾。

十三、山楂叶螨

山楂叶螨属蛛型纲、蜱螨目、叶螨科、叶螨属。分布广泛，为害苹果、梨、桃、山楂等果树。以成、若螨群集叶片背面刺吸汁液，造成叶片褪绿、焦枯、落叶，严重影响当年的产量和来年的成花（图5-40）。

成螨　　　　　　　　　　受害叶片

为害中期　　　　　　　　为害后期

图5-40　山楂叶螨及为害状

1. 发生为害的特点

（1）苹果花芽膨大期为出蛰始期，现蕾期为出蛰盛期，出蛰后的雌成螨为害花芽。

（2）越冬雌螨在花期开始产卵，落花期为产卵盛期。

（3）落花后10d左右为第一代幼螨的孵化盛期，幼螨发生整齐，是药剂防治的有利时机。

2. 发生规律

在陕西渭北果区，年发生6～9代，以受精雌成螨在苹果树主干、主枝的翘皮下或缝隙内越冬。翌年春季当气温上升到10℃苹果花芽膨大时，越冬雌螨开始出蛰，苹果现蕾期为出蛰的盛期。出蛰后的雌成螨为害花芽，开花后便开始产卵，待落花后达到盛期，卵产在叶片背面，10d左右第一代幼螨孵出。第2代幼螨出现在5月下旬，第3代幼螨在6月中、下旬出现。9月底陆续出现受精雌螨潜伏越冬。

3. 精准防控技术

（1）清园，压低越冬螨量。早春萌芽前彻底刮除主干、主枝上老翘皮，并带出果园烧毁。

（2）诱虫带诱杀。8月底后，在苹果树主干距地面60～80cm处绑缚诱虫带或瓦楞纸板，诱杀越冬雌成螨，翌春取下诱虫带，带出果园烧毁。

（3）生物防治。在山楂叶螨发生初期，田间人工释放捕食螨天敌。

（4）药剂防治。在田间红蜘蛛世代重叠的情况下，若卵量居多，应以杀卵为主，可选择杀卵效果好的杀螨剂，如腈吡螨酯、乙螨唑、螺螨酯、氟螨嗪、螨死净、尼索朗等，即30%腈吡螨酯悬浮剂3 000倍液，或45%螺螨·三唑锡悬浮剂6 000倍液。若活动态螨和成螨数量居多，百叶活动螨量达到300头时，则选择30%腈吡螨酯悬浮剂3 000倍液，或25%三唑锡可湿性粉剂1 000倍液，或30%乙螨·三唑锡悬浮剂 7 000 倍液，或 20% 哒螨灵可湿性粉剂 3 000 倍液等杀螨剂。

十四、二斑叶螨

二斑叶螨，属蛛型纲、蜱螨目、叶螨科、叶螨属，雌成螨体色黄绿色，背部两侧各有 1 个黑褐色斑块，故名二斑叶螨。幼若螨体躯黄白色或黄绿色，又名白蜘蛛。以成螨和若螨危害叶片，受害叶片初期仅在叶片主脉附近出现失绿斑点，随着为害的加重，出现大面积的失绿斑，叶片也呈枯黄色。虫口密度大时，也吐丝拉网，最后叶片干枯脱落。

1. 发生为害的特点

（1）食性杂，寄主范围广。可为害果树、农作物、林木、蔬菜、杂草等。

（2）易繁殖，对环境适应能力强。

（3）抗药性强，常规杀螨剂难以有效防治。

2. 发生规律

在陕西渭北果区，年发生 10 ～ 11 代，以受精雌成螨在苹果树主干、主枝的老翘皮下、粗皮缝隙及落叶中群集越冬。翌年 3 月中、下旬当气温上升到 10℃时，苹果萌芽时越冬雌螨开始出蛰。出蛰后的雌成螨先在树下杂草上为害，当日均温度达到 13℃后便开始产卵，第一代卵产在杂草叶片背面。落花后到 5 月初为第 1 代卵孵化盛期。6 月份后开始陆续上树，8 ～ 9 月为发生盛期。10 月中旬陆续出现受精雌螨潜伏越冬。

3. 精准防控技术

（1）清园，减少越冬螨量。早春萌芽前彻底刮除主干、主枝上的老翘皮，带出果园烧毁。

（2）诱虫带诱杀。8月底后，在苹果树主干距地面60～80 cm处绑缚诱虫带或瓦楞纸板，诱杀越冬雌成螨，翌春取下诱虫带，带出果园烧毁。

（3）生物防治。在二斑叶螨发生初期，人工田间释放捕食螨天敌。

（4）药剂防治。在3月下旬，越冬雌成螨出蛰期，选择30%腈吡螨酯悬浮剂2 000倍液，或45%螺螨·三唑锡悬浮剂6 000倍液，或30%乙螨·三唑锡悬浮剂7 000倍液。

第六章

苹果园农药及科学使用技术

农作物的生产实践表明，利用化学农药防治各类作物病虫害，是所有防治方法中最为有效、最为经济、最为简便的方法与手段。但是，若农药使用不当，不但达不到预期的效果，还会产生种种负面影响。例如，对环境及农产品造成污染，引起病原菌和害虫产生抗药性，破坏生态平衡等等。苹果作为一种供人们直接食用的鲜食品，在利用农药防治病虫害的过程中，更要注意科学合理地使用，在保障产品安全、环境安全、用药安全的前提下，保证防治效果。

一、农药及其类别

按照中华人民共和国《农药管理条例》的规定，农药是指"用于预防、消灭或者控制危害农业、林业的病、虫、草和其他有害生物以及有目的地调节植物、昆虫生长的人工化学合成的或者来源于生物、其他天然物质的一种物质或者几种物质的混合物及其制剂"。

所有农药对人、畜、禽、鱼和其他养殖动物、植物、环境都是有毒害的，使用不当，常常会引起中毒。但不同的农药，由于分子结构的不同，其毒性大小、药性强弱和残效期也各不相同。

《农药管理条例》第34条还规定，"剧毒、高毒农药不得用于蔬菜、瓜果、茶叶、菌类、中草药材的生产"。

农药的种类繁多，根据防治对象，可分为杀虫剂、杀菌剂、杀螨剂、杀线虫剂、杀鼠剂、除草剂、脱叶剂、植物生长调节剂等。根据加工剂型，农药可分为可湿性粉剂、可溶性粉剂、水乳剂、乳油、浓乳剂、乳膏、糊剂、悬浮剂、熏烟剂、熏蒸剂、烟雾剂、油剂、颗粒剂、微粒剂等。

目前世界上每年使用的农药350万t左右，各国登记注册的农药品种已达1500种，其中人工合成的化学农药约500余种，这些农药的广泛使用，不仅造成环境的污染，同时对人体健康造成危害。多数农药、几乎所有杀虫剂都会严重地改变生态系统，大部分对人体有害，其他的会被集中在食物链中。因此，我们必须科学地使用农药，在农业发展与环境及健康中取得平衡。

二、苹果园农药

（一）杀菌剂及其类型

杀菌剂是指对植物具有保护作用、能够抑制或杀死病原微生物的化学药剂。杀菌剂对植物具有化学保护作用和化学免疫作用，对植物病害具有化学治疗作用。针对杀菌剂，有多种不同的分类方法，如按有效成分来源分类，可分为矿物源杀菌剂、有机合成杀菌剂和生物源杀菌剂；按杀菌剂的作用方式分类，分为保护性杀菌剂、内吸治疗剂和免疫性杀菌剂。

1. 保护性杀菌剂

保护性杀菌剂，即"接触性杀菌剂"，药剂不会进入植物体内，只沉积在植物表面，抑制病原孢子萌发或杀死萌发的病原孢子，以保护植物免受其害，对已经侵入植物体内的病原物没有作用，对施药后生长出来的那部分植物也不起保护作用。具有此种作用的药剂为保护性杀菌剂。这类杀菌剂杀菌谱广，适应范围广，防治效果稳定，而且不容易诱发病原菌产生抗药性，但前提是必须在病原菌侵入前使用。在苹果生产中用来预防病害的保护性杀菌剂主要有：硫酸铜、硫磺制剂、波尔多液（必备）、氢氧化铜（可杀得3000）、氧化亚铜、代森锌、代森铵、代森联、代森锰锌、丙森锌、福美双、百菌清、克菌丹、二氰蒽醌、咪鲜胺、丁香菌酯、异菌脲、噻霉酮等。

2. 内吸治疗剂

药剂喷施到植物表面，从植物表皮渗入植物组织内部，以输导、扩散，或产生代谢物来杀死或抑制已经侵入植物体内的病原菌，使病株不再受害，这种对病害有治疗效果的药剂称为内吸治疗剂。这类药剂对已侵入寄主体内的病原菌有效，但专化性较强，不能长期单一频繁使用，否则容易诱发病菌产生抗药性。在苹果园可应用的这类药剂有：甲基硫菌灵、多菌灵、乙磷铝、三唑酮、烯唑醇、腈菌唑、戊唑醇、己唑醇、苯醚甲环唑、丙环唑、氟硅唑、吡唑醚菌酯、嘧菌酯、醚菌酯、肟菌酯、啶氧菌酯、氯苯嘧啶醇、啶酰菌胺、乙嘧酚磺酸酯、多抗霉素、嘧啶核苷类抗菌素、宁南霉素、春雷霉素、井冈霉素等。

3. 免疫性杀菌剂

免疫性杀菌剂是指对病原微生物无直接毒力，但能提高植物抗病能力或使植物产生抗病性，从而减轻或抑制病害发生的物质。这类杀菌剂能激活植物体内分子免疫系统，也能激发植物体内的一系列代谢调控系统，从而使植物延迟或减轻病害的发生和发展，具有广谱、渗透、内吸、不易产生抗药性，同时对多种病害有效的特点。常见的免疫性杀菌剂有：氨基寡糖素、香菇多糖、葡聚烯糖、极细链格孢激活蛋白、S诱抗素等。

（二）杀虫剂及其类型

杀虫剂是指能够毒杀危害植物的昆虫的一类药剂。杀虫剂像其他农药一样，也属于毒物，都会严重地改变生态系统，大部分对人体有害，其他的会被集中在食物链中。杀虫剂种类繁多，按其作用方式分为胃毒剂、触杀剂、内吸杀虫剂、引诱剂、拒食剂、激素干扰剂等；按有效成分来源，可分为无机和矿物杀虫剂、有机合成杀虫剂、植物源杀虫剂、昆虫激素类杀虫剂。

1. 胃毒剂

害虫通过取食使药剂经过口器及消化系统进入体内，引起害虫中毒或死亡，具有这种胃毒作用的杀虫剂称为胃毒剂。主要用于防治咀嚼式口器的害虫，在苹果园可应用的这类药剂有：阿维菌素、甲氨基阿维菌素苯甲酸盐、高效氯氟氰菊酯、氯虫苯甲酰胺、毒死蜱、氟啶虫酰胺、啶虫脒、氰戊菊酯等。

2. 触杀剂

农药制剂接触害虫的表皮或气孔渗入体内，使害虫中毒或死亡，具有这种触杀作用的药剂称为触杀剂。大部分杀虫剂以触杀作用为主，兼具胃毒作用，可用于防治各种类型口器害虫的防治，害虫的头部、胸部、足部，尤其以跗节的表皮较薄，是触杀剂易进入的部位。在苹果园可应用的触杀剂有：高效氯氰菊酯、氯虫苯甲酰胺、毒死蜱、阿维菌素、甲氨基阿维菌素苯甲酸盐、高效氯氟氰菊酯、氟啶虫酰胺、敌敌畏、啶虫脒、甲氰菊酯、氰戊菊酯等。

3. 内吸杀虫剂

农药制剂通过植物的叶、茎、根部或种子被吸收进入植物体内，并在植物体内输导、扩散、存留或产生更毒的代谢物，当害虫刺吸带毒植物的汁液或取食带毒植物的组织时，使害虫中毒死亡，具有这种内吸作用的杀虫剂为内吸杀虫剂。这类药剂可作植物种子处理、土壤处理，又可进行叶面喷洒。内吸性杀虫剂有较强的选择性，一般对刺吸式口器害虫特别有效。喷洒在植物表面后，能迅速被植物吸收到体内。在苹果园可应用的内吸杀虫剂有：丁醚脲、呋虫胺、吡虫啉、噻虫嗪、烯啶虫胺、噻虫啉、吡蚜酮、螺虫乙酯等。

4. 引诱剂

引诱剂是指由植物产生或人工合成的对特定昆虫有行为引诱作用的活性物质。一般可分食物引诱、性引诱、产卵引诱3种，如糖醋液、性诱剂等。性引诱剂是人工合成的对成熟雄性害虫有性引诱作用的化学物质，将害虫诱引集中到一起杀死，从而改变种群性别比例，降低出生率，达到防治目的。糖醋液是一定比例的糖与醋的混合液，对部分鳞翅目和鞘翅目的害虫有吸引诱集作用。产卵引诱剂是某些化合物或其制品对特定的害虫的产卵有吸引作用，借此可将雌虫诱杀，达到防治目的。目前在苹果园可应用的性引诱剂有：桃小食心虫性诱剂、梨小食心虫性诱剂、苹小卷叶蛾性诱剂、金纹细蛾性诱剂、苹果蠹蛾性诱剂等。

5. 拒食剂

农药药剂被害虫取食后，破坏害虫的正常生理功能，使害虫取食量减少或者停止取食，最后引起害虫饥饿死亡。如印楝素、杀虫脒、吡蚜酮等。拒食剂对人畜低毒，不伤害天敌，对环境安全，适合用于害虫综合防治。楝树拒食剂活性高，拒食谱广，印楝素 0.1mg/L 能有效防治 40 种以上重要经济害虫，还能干扰蜕皮、不育、产卵忌避等作用。有内吸性，可经根吸收，传导到全身，使整株抗虫。

6. 激素干扰剂

属于人工合成的拟昆虫激素，用于干扰害虫体内激素的消长，

苹果 主要病虫害田间诊断及绿色精准防控技术
GUOSHU ZHUYAO BINGCHONGHAI TIANJIANZHENDUAN JI LVSE JINGZHUN FANGKONGJISHU

改变体内正常的生理过程，使其不能正常地生长发育（包括阻止正常变态、打破滞育，甚至导致不育），从而达到消灭害虫的目的。此类杀虫剂又称为昆虫生长调节剂。包括类保幼激素（如IR-515）、抗保幼激素（早熟素）、几丁质合成抑制剂（灭幼脲类）等。

（三）杀螨剂及其类型

专一用于防治植食性害螨的药剂称为杀螨剂。杀螨剂大多具有触杀作用或内吸作用，对不同种类螨及螨的不同发育阶段常表现一定的选择性，有的品种对一种叶螨高效，可能对另一种叶螨效果较差，甚至无效；有的品种对活动态的成螨、幼螨和若螨活性高，对卵活性差，甚至无效；有的品种对卵活性高，对动态螨效果差；有的品种两种都可以杀死。因此，在防治苹果园叶螨时，首先要认清螨的种类，再根据螨的发育阶段，选择合适的杀螨剂品种。杀螨剂多属低毒物，对人畜比较安全。螨类对杀螨剂产生抗药性较快。不同类型杀螨剂之间通常无交互抗药性。为了防治抗药性螨和延缓螨类抗药性的发展，应重视不同类型杀螨剂轮换使用或混配使用。现有杀螨剂大都无内吸传导作用，喷药必须均匀周到。有的杀螨剂杀卵活性高，不杀成螨，有的则相反，这样的两类药剂配合使用往往能提高杀螨活性。

在苹果园可应用的杀螨剂有：以杀卵为主的杀螨剂，如腈吡螨酯、乙螨唑、螺螨酯、氟螨嗪、螨死净、尼索朗等；对活动态螨和成螨活性高的杀螨剂有腈吡螨酯、乙螨唑、哒螨灵、三唑锡、阿维菌素等；对白蜘蛛有效的杀螨剂有腈吡螨酯、乙螨唑、螺螨酯、三唑锡、阿维菌素等。

（四）除草剂及其类型

除草剂是用于灭除杂草或控制杂草生长的一类农药。除草剂是

· 100 ·

一些有着复杂化学结构的化合物，而每一个化合物都具有独特的性质。药剂被杂草吸收后，通过干扰和抑制杂草的代谢过程而造成杂草死亡，这些代谢过程往往由不同的酶系统所诱导。除草剂的作用靶标多是不同的酶系统，通过对靶标酶的抑制或调节，最终干扰杂草的代谢作用。同一代谢过程是由一系列生物化学反应组成，其各个反应阶段又由不同的酶诱导。因此，不同类型除草剂可能抑制同一代谢反应，但是，它们的作用位点（靶标酶）存在着明显差异。

除草剂种类多样，按作用方式分类，分为选择性除草剂和灭生性除草剂。选择性除草剂对不同植物、不同杂草敏感性不同，能选择性地杀死某些杂草，而不伤害作物或其他杂草。如除草剂精喹禾灵、烯草酮、高效氟吡甲禾灵等，只能选择性地杀死或抑制果园的禾本科杂草，对阔叶杂草无效。二甲四氯钠只能选择性地杀死或抑制果园的阔叶杂草；灭生性除草剂对不同植物、不同杂草缺乏选择性，草苗不分，"见绿就杀"，如草甘膦、草铵膦、敌草快、咪唑烟酸等。按使用方法分，除草剂可分为土壤处理剂和茎叶处理剂两类，土壤处理剂是指在杂草出苗前施药于土壤表面，通过杂草的根、胚芽鞘或下胚轴等部位吸收而发挥除草作用。在苹果园可应用的这类除草剂有莠去津、西玛津等。茎叶处理剂是指于杂草苗后，施药在杂草茎叶上而起作用的除草剂，如草甘膦、草铵膦、敌草快、二甲四氯钠、乙氧氟草醚、莠灭净、麦草畏等。按传导性能，除草剂可分为触杀型除草剂和内吸传导型除草剂，药剂与杂草接触后，只对接触部位起作用，而不能或很少在植物体内传导的除草剂称为触杀型除草剂，如敌草快、草铵膦、乙羧氟草醚等。若药剂与杂草接触被茎叶吸收，能够在其体内传导，能到达未着药部位，甚至全株。这类除草剂杀根、除草彻底，即为内吸传导型除草剂，如草甘膦、乙氧氟草醚、二甲四氯钠、莠灭净等。

（五）杀线虫剂

杀线虫剂是指用于防治植物病原线虫的农药。土壤中的植物寄生性线虫是植物侵染性病害的病原之一。杀线虫剂按用途的不同可分为两类，专性杀线虫剂和兼性杀线虫剂，前者是在应用浓度下只对线虫有活性的农药，而后者，指在应用浓度下对土壤中大多数生物都有活性的农药。按照杀线虫的性质不同，杀线虫剂可分为熏蒸性杀线虫剂、非熏蒸性杀线虫剂和生物源杀线虫剂。熏蒸性杀线虫剂为挥发性液体或气体制剂，施入土壤后会逐渐挥发出有毒的气体物质，对线虫起到熏杀作用，如棉隆即为这类熏蒸性杀线虫剂。非熏蒸性杀线虫剂并不直接杀死线虫，而是麻醉并影响线虫的取食、发育和繁殖，延迟其对作物的侵入和为害。该类药剂只针对为害植物的线虫，对捕食性线虫安全，如噻唑膦、克百威等。生物源杀线虫剂是指对线虫具有灭杀效果的微生物活菌或其代谢产物，如淡紫拟青霉、厚孢轮枝菌、阿维菌素等。

熏蒸性杀线虫剂为杀死性药剂，杀线虫效果彻底，不易诱发线虫抗药性，但会伤及土栖的其他生物、会污染土壤，对环境保护有负面影响，而且这类药剂只能在播种前使用，不能在已建园的苹果园使用。非熏蒸性杀线虫剂，既可在播种期使用，也可在生长期使用，但其易受干旱等因素的影响容易产生药害，而且这类药剂其原药多为高毒品种，所以在苹果园使用存在安全隐患。阿维菌素属高效的杀虫、杀螨、杀线虫剂，在土壤中施用 $0.16 \sim 0.24\,\mathrm{kg/hm^2}$ 对南方根结线虫有良好的防治效果。淡紫拟青霉为内寄生性真菌，是苹果等植物寄生线虫的重要天敌，能够寄生于卵，也能侵染幼虫和雌虫，可明显减轻多种作物根结线虫、胞囊线虫、茎线虫等植物线虫病的危害。

（六）植物生长调节剂

植物生长调节剂，是人工合成的用于调节植物生长发育的一类具有天然植物激素相似作用的化合物。可影响和有效调控植物的生长和发育，包括从细胞生长、分裂，到生根、发芽、开花、结实、成熟和脱落等一系列植物生命全过程。现已发现具有调控植物生长和发育功能物质有胺鲜酯（DA-6）、氯吡脲、复硝酚钠、生长素、赤霉素、乙烯、细胞分裂素、脱落酸、油菜素内酯、水杨酸、茉莉酸、多效唑和多胺等。其中促进茎叶生长的调节剂有：赤霉素、胺鲜酯（DA-6）、6-苄基氨基嘌呤、油菜素内酯、三十烷醇；打破休眠促进芽萌发的调节剂：赤霉素、激动素、胺鲜酯（DA-6）、氯吡脲、复硝酚钠；抑制茎叶、芽的生长的调节剂有：多效唑、优康唑、矮壮素、比久、三碘苯甲酸、青鲜素等；促进花芽形成的调节剂有：乙烯利、比久、6-苄基氨基嘌呤、萘乙酸、2，4-D、矮壮素等；促进果实着色的调节剂有：胺鲜酯（DA-6）、氯吡脲、复硝酚钠、比久、吲熟酯、多效唑等。

三、农药的合理使用

安全、高效、经济地使用农药是防治苹果病虫害的基本原则，也是合理使用农药的关键。

1. 选择正确的农药品种或组合

用药前首先要根据病虫害的种类、形态特征、发生特点及危害习性、用药时期及药剂作用方式等特性，综合考虑，优选出适宜的药剂品种或药剂组合。不同的病虫害对同一药剂的敏感性不同，不同用药时期对药剂的要求不同，因此必须选择适宜的药剂品种及剂型。如拥有咀嚼式口器的鳞翅目害虫、鞘翅目害虫和直翅目害虫，宜选用胃毒剂或触杀剂；刺吸式口器的同翅目害虫、半翅目害虫，宜选用内吸性杀虫剂；对于介壳虫类害虫，宜选择同时具有渗透性的内吸性杀虫剂。

不同农药品种，其分子结构不同，导致其作用方式、防治对象、对靶标的毒力、对人畜及环境的毒性截然不同。农药喷洒在植物表面后，有些药剂能够进入植物体内，甚至可以在植物体内运输传导，对已经侵入植物体内的病原物或吸食了植物汁液的害物有杀死或抑制作用，对植物病害有治疗效果，对害虫有致死效果，即内吸性药剂；但有些农药则不能进入植物体内，只沉淀在作物表面，对已经侵入植物体内的病菌无效；对吸食植物汁液的害虫无效，只能保护未侵染的病原物不进入植物体内。所以，在防治苹果病虫害过程中，选择好农药非常重要。

化学农药不但对病原菌或害虫等有毒性，对苹果树也有毒，使用不当，会引起药害，因此，应用任何一个农药品种，都要根据药剂的种类、性质、果树的敏感程度、用药的时期等选择最适宜的用药浓度和再次用药的安全间隔期。不同的农药品种对苹果树的毒性不同，农药对防治对象的毒性并不是因为某些"特殊作用"，而仅仅是靠其"差别毒性"，即一定浓度和剂量能杀死病原菌和害虫，而寄主植物却能耐受，不会造成伤害，差别毒性越大，对苹果等植物就越安全。苹果树在不同发育阶段，对药剂的敏感程度也不同。花期比其他时期对药剂更敏感；生长期比休眠期敏感；幼果期比中后期近成熟果敏感；幼嫩组织比老熟组织对药剂敏感。不同农药品种，其分子结构不同，导致其半衰期不同，在寄主表面保持药效的时间长短不同，等待下次用药的时间间隔也不相同。因此，在应用农药防治病虫害以前，先要根据药剂的种类、性质、苹果树的敏感程度、施药的时期，确定好用药浓度和下次用药的间隔期。

2.抓住关键时期用药防治

不同的病虫害，发生为害的时期不同，用药时一定要根据病虫害的发生为害规律，确定最适宜的用药时间和用药次数。处于不同虫态阶段，对杀虫剂的敏感性不同，害虫处于卵期，因有卵壳保护层及神经系统发育未完成，而对药剂的反应迟钝；而幼虫期，为所有虫态中最敏感的时期，这时期用药较其他时期防效更好，但应注意随龄期增大其敏感性也降低，一般以卵孵化盛期为防治最佳时期；成虫期用药，应熟悉其习性、活动及外表结构，成虫对药剂的敏感性较幼虫为差；蛹期，因有蛹壳保护，代谢慢，对杀虫剂的反应最差。害虫生活习性不同，用药方式及用药时期不同。钻蛀性害虫，要赶在蛀入寄主前施药；具有潜伏性害虫，要选择活动高峰期用药；蚜虫要在造成卷叶前喷雾；介壳虫，要在孵化盛期未形成蜡壳前施药。对于某种苹果病害，要根据病害的发生规律，结合当年当期气象预报，进行施药保护和治疗，在病害发生前把好侵染关，根据所选择药剂的持效期，定期交替喷施保护性杀菌剂；一旦病原菌侵染寄主并有零星症状显示，就要按照其发生规律，选择合适的内吸性杀菌剂或兼备保护性杀菌剂的复合药剂进行治疗。

3.农药混用

果园同时遭遇几种病虫害威胁时，会涉及几种农药的混用问题，这就要根据施药目的、药剂性能、果树及病虫害对药剂的反应来确定药剂的混用及连用，同时要考虑用药成本和用药安全。当几种病虫害同时发生时，最好混用几种杀虫、杀菌剂，因为合理的农药混用，能产生增效作用，能提高对病虫害的防治效果，还能避免或延缓抗药性的产生，同时能节省整个生产成本，但农药的混用一定要注意原则和方法，要有可混用的依据，否则，要先做小区试验。

农药的混用首先要注意以下几个方面：第一，农药混用后不能改变药剂的理化性质。农药混用后首先应注意观察其物理性状是否发生变化，混合后是否产生分层、浮油、絮结、沉淀、变色、发热、悬浮率降低。农药混用后，其单体间不能发生化学反应，否则可能会产生不良影响，可能会降低药效，可能会失效，可能会增加毒性，也可能会产生药害。第二，混用后不能降低药效。农药不能与碱性物质混用，否则会分解失效或降低药效。第三，混用后不能降低安全性。农药混用后要保证对人畜的安全，不能增加毒性，其混合液的毒性不能高于各自原来的毒性。第四，注意农药混用的顺序。要求先加水，后加药，采用二次稀释法，先在喷雾器中加入2/3水量，再采用二次稀释法用塑料桶依次加入要混用的药剂。用塑料桶先稀释一种药剂，稀释好后倒入喷雾器中混匀，再以此类推，稀释另一种。不同剂型的几种药剂混用时，要注意混合顺序，按可湿性粉剂、水分散粒剂、悬浮剂、水乳剂、水剂、乳油（不要超过3种）顺序加入，每加入一种充分搅拌后再加另一种。有微肥时，第一个加入。

合理地混用农药，掌握其原则最为关键，一般地是从以下几个方面去组合筛选混用药剂的：第一，将不同作用机制的农药混用。作用机制不同的农药混用，可以提高防治效果，延缓病虫产生抗药性。如有机磷杀虫剂抑制神经系统乙酰胆碱酯酶的活性，破坏正常的神经冲动传导；拟除虫菊酯类杀虫剂使神经突触上乙酰胆碱积累，造成神经细胞渗透性失常。这两类药混用效果好。有机硫杀菌剂破坏辅酶A，抑制丙酮酸的氧化代谢，三唑类杀菌剂影响甾醇的生物合成，这两类杀菌剂混用，能拓宽杀菌谱，提高防治效果。第二，将不同作用传导方式的农药混用。保护性杀菌剂杀菌谱宽，不易诱发抗药性，不会进入植物体，只沉积在作物表面阻止病原菌侵入，起保护作用，对已经侵入体内的和施药后新长出的组织不起作用；内吸性杀菌剂抑制或杀死植物体内外的病原物，这两类杀菌剂混用，不但能提高防治效果，还能延缓内吸性杀菌剂产生抗性，如代森锰锌与三唑类的混用。第三，将作用于不同虫态的农药混用。作用于不同虫态的杀虫剂混用可以防治田间的各种虫态的害虫，杀虫彻底、效果好。特别是对于发生不整齐、具有世代交替现象的害虫具有很好的效果。如防治山楂叶螨，用杀卵作用强的尼索朗与杀活动态螨强的联苯菊酯混用效果很好。第四，将时效性不同的农药混用。有的农药速效性好，但持效期短；有的速效性较差，但作用时间长。这样的农药混用，不但施药后防效好，而且还可起到长期防治的作用。如菊酯类农药与有机磷农药混用。第五、与农药增效剂混用。增效剂对病虫虽无直接毒杀作用，但与农药混用却能提高防治效果。常用的增效剂有有机硅、植物油、油酸甲酯等。

值得注意的是：无论混用什么药剂，都应该懂得：要现用现混，不得久放，而且必须先分别稀释，再最后混合。

4. 提高喷药质量

要选择适宜的施药器械，果园宜采用风送式弥雾机，使用空心圆锥形喷头。喷药要细致、均匀、周到，不留有死角，使苹果树的各个部位都能均匀地被药剂覆盖。

5. 禁止混用的农药

尽管多数农药能够混用，而且混用后的确能拓宽杀虫或杀菌谱，能提高药剂防治的效果和速效性，但还有一些农药是不能混用的。第一，一些药剂不能与碱性或酸性农药混用，如波尔多液、石硫合剂等显碱性的药剂，氨基甲酸酯、拟除虫菊酯类杀虫剂、二硫代氨基甲酸类杀菌剂与其混合后易发生水解反应或复杂的化学变化，从而破坏原有结构，最终使其丧失活性。在酸性条件下，2，4-D钠盐、二甲四氯钠盐、双甲脒等也会分解，因而降低药效。第二，一些农药品种不能与含金属离子的药物混用。二硫代氨基甲酸盐类杀菌剂、2，4-滴类除草剂与铜制剂混用可生成铜盐降低药效。甲基硫菌灵可与铜离子络合而失去活性。类似的还有铁、锌、锰、镍等制剂。第三，生物农药不能与杀菌剂混用，否则生物农药将会失去活性。

四、苹果园常用农药品种及应用技术

（一）杀虫剂

1. 吡虫啉 Imidacloprid

理化性质及特点：纯品为无色晶体，第二代烟碱类内吸性杀虫剂。广谱、高效、低毒、低残留，具有触杀、胃毒和内吸等多重作用。吡虫啉属于昆虫神经毒素，害虫取食后导致中枢神经系统信号传导中断，行动失控、麻痹、死亡。主要用于防治多种植物上的刺吸式口器害虫，对人、畜、植物、天敌和环境安全，但对蜜蜂有毒。国产吡虫啉有可湿性粉剂、悬浮剂、水分散粒剂、微乳剂、颗粒剂、种衣剂、饵剂多种剂型，多为供喷雾法使用，供处理种子和土壤处理应用的剂型较少。吡虫啉能与菊酯类、有机磷类、噻二嗪类、沙蚕毒类、大环内酯类等杀虫剂复配或混用，从而拓宽了杀虫谱，增强了防治效果，提高了速效性，加强了持效性，降低了抗性产生的程度，也降低了吡虫啉单剂的价格成本。根据相关研究报道，某些害虫已对吡虫啉表现出高水平耐药性和抗性，其抗性倍数已高达1000以上。近年来，吡虫啉的复配产品数量及生产应用量上升很快，大有很快取代单剂吡虫啉的趋势，这符合本品的特点和应用现状。安全间隔期为20 d。

防治对象及使用方法：主要用于防治各类作物上的刺吸式口器害虫，如蚜虫、粉虱、蓟马、叶蝉等；对鞘翅目、双翅目和鳞翅目的某些害虫，如象甲、潜叶蛾等也有效，但对线虫和红蜘蛛无效。使用方式主要为兑水喷雾，也可以拌种或施颗粒剂，国内登记产品可用于粮食作物、棉花、马铃薯、甜菜、蔬菜和果树等。防治苹果树上绣线菊蚜、苹果瘤蚜、苹果绵蚜及桃蚜、梨木虱、卷叶蛾、粉虱、斑潜蝇等害虫，一般用 10% 吡虫啉可湿性粉剂 1 000～1 500 倍液喷雾，技术重点在于害虫卷叶前使用。从生产应用及多种角度出发，其复配制剂氯氟·吡虫啉、毒死蜱·吡虫啉综合性能更好，更值得推广应用。

注意事项：① 注意药剂轮换或使用其复配制剂，近年来的连续使用，已使某些害虫种类对本剂产生了较高抗药性。②对蜜蜂、桑蚕有毒性，不能在苹果等植物花期使用。使用过程中不可污染养蜂、养蚕场所及相关水源，切勿喷洒到桑叶上。③不可与碱性农药或物质混用。④施药时注意防护，防止接触皮肤或吸入药粉、药液，用药后要及时用清水洗洁暴露部位。

2. 呋虫胺 Dinotefuran

理化性质及特点：第 5 代烟碱类内吸性杀虫剂，神经传导抑制剂，使害虫产生麻痹而发挥杀虫作用。本剂与现有的烟碱类杀虫剂的化学结构差别较大，杀虫活性较以往烟碱类更高，杀虫谱更广。具有触杀、胃毒和强的根部内吸性，对刺吸口器害虫有优异防效，对鞘翅目、双翅目、鳞翅目和同翅目害虫高效。速效性高、持效期长（4～8 周）。呋虫胺低毒，对哺乳动物、水生生物十分安全，无致畸、致癌和致突变性，但对蜜蜂有低等毒性。国内登记剂型有悬浮剂、水分散粒剂、可溶粉剂、可湿性粉剂、可分散油悬浮剂等多种剂型。在国内，呋虫胺的登记形式为单剂或与菊酯类、吡啶类、沙蚕毒类、有机磷类、季酮酸类等杀虫剂的复配产品，也可以与多种不同机制的杀虫剂、杀螨剂、杀菌剂进行桶混。根据相关研究报道，某些害虫已对呋虫胺表现出中等至高水平抗性，所以在生产中提倡使用呋虫胺的复配制剂。

防治对象及使用方法：呋虫胺对同翅目、半翅目、鳞翅目、双翅目等害虫有好的防治作用。国内登记产品主要用于防治粮食作物、果树、蔬菜、棉花、烟叶、花卉等多种作物上的蚜虫、叶蝉、飞虱、蓟马、粉虱及其抗性品系。使用方式主要为兑水喷雾，也可拌施土壤。防治苹果树上的蚜虫、卷叶蛾、金纹细蛾、食心虫类及蝽象，可用20%呋虫胺水分散粒剂1 000～1 500倍液喷雾。呋虫胺卓越的内吸性和渗透性，使药剂能被植物的根和茎叶快速吸收和渗透，并能在木质部向顶传导或从叶表向叶内转移，所以在苹果树上还特适合于金龟子和根部蛴螬的防治。

注意事项：①不可与强碱性药液混用。②推荐使用其复配制剂或与其他杀虫剂适量混用。③在各种作物的花期慎用。

3. 啶虫脒 Acetamiprid

理化性质及特点：纯品为白色晶体，属硝基亚甲基杂环类化合物或氯代烟碱类杀虫杀螨剂，作用于昆虫神经系统突触部位的烟碱乙酰胆碱受体，抑制乙酰胆碱受体的活性。具有触杀、胃毒和较强渗透作用，速效性好，持效期长，用于防治果树、蔬菜、茶树和粮食作物等的蚜虫、飞虱、蓟马及鳞翅目等害虫。对人、畜低毒，对天敌杀伤力小，对鱼毒性较低，对蜜蜂影响小。国内登记产品常见的剂型有悬浮剂、水分散粒剂、微乳剂、可湿性粉剂、可分散油悬浮剂等，可与菊酯类、有机磷类、噻二嗪类、沙蚕毒类、大环内酯类等杀虫剂以及杀螨剂复配或混用。复配制剂阿维·啶虫脒、氯氟·啶虫脒、氯虫·啶虫脒，复配后能显著提高药效。啶虫脒对温度要求较高，温度低于26℃时，活性较低，28℃以上杀蚜才会快，35～38℃达到最好的杀虫效果。

防治对象及使用方法：啶虫脒可用于防治粮食作物、蔬菜、果树、茶树的蚜虫、飞虱、蓟马等同翅目害虫，对鳞翅目、鞘翅目、半翅目和螨类也有效。主要通过喷雾防治害虫。防治苹果、梨、桃等果树蚜虫，在蚜虫发生初盛期可用20%啶虫脒可溶粉剂6 000～8 000倍液喷雾。啶虫脒也可以用来防治苹果等果树上食心虫、潜叶蛾等鳞翅目害虫。

注意事项：本剂对桑蚕有毒性，切勿喷洒到桑叶上。不可与强碱性药液混用。

4. 吡蚜酮 Pymetrozine

理化性质及特点：纯品为白色结晶，吡啶类或三嗪酮类杀虫剂，通过影响昆虫的进食行为，使昆虫拒食而死，是全新的非杀生性杀虫剂，无直接毒性、高效、高选择性、对环境生态安全、无交互抗性、对抗性害虫效果好、对天敌高度安全。具触杀和强内吸活性，药剂能很快渗透到植物组织中，持效期达1月之久。吡蚜酮有可湿性粉剂、水分散粒剂、悬浮剂、可分散油悬浮剂等多种剂型，可与烯啶虫胺、呋虫胺、螺虫乙酯、氟啶虫酰胺、氯虫苯甲酰胺、毒死蜱等多种杀虫剂复配或混用，来扩大杀虫谱和提高防治效果。

防治对象及使用方法：适用于蔬菜、粮食作物、棉花、果树和花卉，能有效防治大部分同翅目害虫，尤其对蚜虫科、粉虱科、叶蝉科及飞虱科害虫有非常好的防治效果。对有机磷和氨基甲酸酯类杀虫剂已产生抗性蚜虫，也有好的控制效果。既可用作叶面喷雾，也可用于土壤处理。目前吡蚜酮在国内登记在果树上的只有桃树用于防治桃蚜，但应用于苹果防治蚜虫等害虫的研究论文也不少，常用 50% 吡蚜酮水分散粒剂 2 500 ～ 5 000 倍液喷雾防治苹果黄蚜或瘤蚜。

注意事项：不得与碱性农药等物质混用。为延缓抗性产生，可与其他作用机制不同的杀虫剂轮换使用。本品对蜜蜂、鱼类等水生生物、家蚕、瓜类、烟草有毒，施药期间应避免对周围蜂群的影响，蜜源作物花期、瓜类、烟草、蚕室和桑园附近禁用。

5. 噻虫嗪 Thiamethoxam

理化性质及特点：第二代烟碱类高效低毒杀虫剂，纯品为白色结晶粉末，原药外观为灰黄色至白色结晶粉末。昆虫中枢神经系统烟酸乙酰胆碱酯酶受体抑制剂，干扰和阻断昆虫中枢神经系统的正常传导，造成害虫出现麻痹死亡。具有触杀、胃毒、内吸活性，作用速度快、持效期长，对鞘翅目、双翅目、鳞翅目，尤其是同翅目害虫有高活性，可有效防治各种蚜虫、叶蝉、飞虱类、粉虱、金龟子幼虫等。与吡虫啉、啶虫脒、烯啶虫胺无交互抗性。低毒、低残留，对人、畜、作物安全，但对蜜蜂有毒。常见的有效成分含量与使用剂型为 25% 的水分散粒剂、25% 的可湿性粉剂、25% 的悬浮剂、25% 的片剂、5% 的颗粒剂、70% 的种子处理可分散粒剂等。噻虫嗪作为新烟碱类高效杀虫剂，在各地的生产中被频繁使用，已致使国内部分地区棉蚜等种群对噻虫嗪产生了中至高抗水平。因此，应重视害虫抗性水平管理，减缓害虫抗性的产生。

要延缓噻虫嗪的使用年限，延迟或避免抗药性的产生，可选择与菊酯类、有机磷类、噻二嗪类、沙蚕毒类、大环内酯类等杀虫剂以及杀螨剂复配或混用，这样不但能拓宽其杀虫谱，还能增强对鳞翅目、半翅目害虫的活性。

防治对象及使用方法：适宜作物为果树、蔬菜、粮食作物、甜菜、油菜、马铃薯、棉花、大豆、烟草等，既可用于茎叶处理、种子处理，也可穴施于土壤。噻虫嗪登记用于果树害虫防治，目前仅有苹果蚜虫、桃小食心虫、桔小实蝇、柑橘蚜虫、柑橘介壳虫、葡萄介壳虫和桃蚜几个对象，防治苹果蚜虫一般用21%噻虫嗪悬浮剂4 000～5 000倍液。防治金纹细蛾、旋纹潜叶蛾，可在幼虫初孵期用25%噻虫嗪水分散粒剂3 000～4 000倍液。

注意事项：可与一般酸性或中性的药剂混用，但不能与碱性物质混用。对蜜蜂有毒，果树开花期禁用。噻虫嗪杀虫活性很高，所以用药时不要盲目加大用药量。

6. 氟啶虫胺腈 Sulfoxaflor

理化性质及特点：磺酰亚胺类杀虫剂，纯品为白色粉末，作用于昆虫的神经系统，是乙酰胆碱受体（nAChR）激动剂，与昆虫乙酰胆碱（ACh）产生竞争，阻断中枢神经正常传导，进而导致昆虫麻痹、死亡。具有强触杀、高渗透、强内吸和胃毒作用，速效性快、持效期长，用药后2 h蚜虫死亡率达97%，药后4 h，蚜虫死亡率99%。无交互抗性、耐雨水冲刷，对同翅目、半翅目的所有蚜虫、介壳虫、粉虱和蝽象等昆虫高效。对人、畜、植物、天敌和环境安全，对蜜蜂有毒。已开发出的剂型有悬浮剂、水分散粒剂和悬乳剂。氟啶虫胺腈可与其他杀虫剂复配，目前相关的复配产品有40%氟虫·乙多素水分散粒剂、37% 氟啶·毒死蜱悬乳剂，增强了对鳞翅目害虫的活性。

防治对象及使用方法：适宜于粮食作物、果树、蔬菜、马铃薯、棉花、西瓜等植物，能有效防治对烟碱类、菊酯类、有机磷类和氨基甲酸酯类农药产生抗性的吸汁类刺吸式口器害虫。使用方式为兑水喷雾。目前氟啶虫胺腈在果树上的登记，只见于苹果、柑橘、葡萄、桃，常用 22% 氟啶虫胺腈悬浮剂 10 000 倍防治苹果树的黄蚜及桃树的桃蚜。但在实际当中，氟啶虫胺腈，特别是氟虫·乙多素，经常用来防治苹果、桃、梨、樱桃、葡萄等果树上除蚜虫以外的蓟马、绿盲蝽、茶翅蝽、梨小食心虫等多种害虫，在这些害虫发生初期，用 40% 氟虫·乙多素水分散粒剂 3 000 ～ 4 000 倍液均匀喷雾，每 2 周喷 1 次，连喷 2 次。

注意事项：可与一般酸性或中性的药剂混用，但不能与碱性物质混用。忌果树开花期使用，忌药液直接喷施到蜜蜂身上。

7. 螺虫乙酯 Spirotetramat

理化性质及特点：季酮酸类化合物，乙酰辅酶 A 羧化酶抑制剂，通过干扰昆虫的脂肪生物合成导致幼虫死亡。对人、畜、鸟类、蜜蜂低毒，对鱼类中等毒性，对环境和天敌安全。具有广谱、内吸、触杀、胃毒作用，可高效防治各种刺吸式口器害虫，如蚜虫、介壳虫、木虱、粉蚧、粉虱等。螺虫乙酯性质独特，具有木质部和韧皮部双向内吸传导性能，可以在整个植物体内向上向下移动，抵达叶面、树皮和根部等各个部位，因此能有效防治叶面、卷叶内、果树皮上的害虫和卵及根部害虫。该药剂持效期长，可提供长达 8 周的有效防治，且与常规杀虫（螨）剂无交互抗性。螺虫乙酯可与呋虫胺、噻虫啉、联苯菊酯等多种不同杀虫机制药剂复配或复混，进一步拓宽了杀虫谱，提高了防效。如 20% 螺虫·呋虫胺悬浮剂、22% 螺虫·噻虫啉悬浮剂、30% 联苯·螺虫酯悬浮剂等。

防治对象及使用方法：螺虫乙酯高效广谱，可有效防治各种刺吸式口器害虫，在国内螺虫乙酯被登记用来防治瓜类蔬菜、苹果、梨、柑橘和香蕉等果树上的蚜虫、蓟马、木虱、粉蚧、粉虱和介壳虫等。常用 240 g/L 螺虫乙酯悬浮剂 3 000 ～ 4 000 倍液喷雾，防治苹果上各类蚜虫、绵蚜、介壳虫以及为害树皮的吉丁虫等。实际上，螺虫乙酯最大的优势在于利用其双向内吸传导性能，对卷叶蛾的防治。也常用 30% 联苯·螺虫酯悬浮剂 3 000 ～ 4 000 倍液喷雾来防治苹果树上的介壳虫、桃小食心虫等。

注意事项：可与一般酸性或中性的药剂混用，但不能与碱性物质混用。在花期慎用。对鱼有毒，禁止在污染鱼塘、河流旁使用。最好与不同机制杀虫剂交替使用，在苹果整个生长季节最多使用 1 ～ 2 次，安全间隔期为 40 d。

8. 双丙环虫酯 Afidopyropen

理化性质及特点：生物发酵产品，生物源杀虫剂，属丙烯类（pyropenes）化合物。纯品为黄色固体粉末，具有触杀作用，对哺乳动物、鱼、鸟类、蜜蜂和捕食性昆虫低毒，对非靶标动物（如捕食螨、寄生蜂和蚯蚓等）和陆生植物安全。能有效防治刺吸式和吮吸式口器害虫（如蚜虫、粉虱、木虱、介壳虫、粉蚧和叶蝉等），可降低因昆虫介体传播的病毒病和细菌性病害，既可叶面处理，也可种子处理或土壤处理。双丙环虫酯属于弦振器官香草素受体亚家族通道调节剂，通过干扰靶标昆虫香草酸瞬时受体通道复合物的调控，导致昆虫对重力、平衡、声音、位置和运动等失去感应，丧失协调性和方向感，从而停止取食、失水，最终导致昆虫饥饿而亡。该药剂对蚜虫等击倒速度较慢，但产品持效期长，对蚜虫的持效期长达21 d。双丙环虫酯对成虫和幼虫均有效，但对卵无效。可与氟苯脲、阿维菌素、吡虫啉、联苯菊酯和银杏内酯等多种杀（线）虫剂、杀菌剂或肥料复配或桶混使用，可协同增效，提高速效性和持效性。如75g/L阿维菌素·双丙环虫酯可分散液剂，可高效防治蚜虫、粉虱等刺吸式和吮吸式口器害虫。

防治对象及使用方法： 一种全新的防治刺吸式和吮吸式口器害虫的杀虫剂，具有起效快、高效、广谱、叶片渗透能力强等特点，适宜于粮食作物、果树、蔬菜、棉花等植物，对害虫的成虫和幼虫均有效，对卵无效，在幼虫阶段用药，防效更好。对于烟碱类、有机磷类、菊酯类和吡蚜酮产生抗性的害虫具有卓越的防效。在苹果生产中，常用50g/L双丙环虫酯可分散液剂12 000～20 000倍液喷雾，防治各类蚜虫。

注意事项： 可与一般酸性或中性的药剂混用，但不能与碱性物质混用。用药时间最好选择在幼虫阶段。

9. 灭幼脲 Chlorbenzuron

理化性质及特点： 又名一氯苯隆，纯品为白色结晶，属苯甲酰脲类昆虫几丁质合成抑制剂，为昆虫激素类农药，特异性杀虫剂，通过抑制昆虫表皮几丁质合成酶和尿核苷辅酶的活性，来抑制昆虫几丁质合成从而导致昆虫不能正常蜕皮而死亡。在害虫的卵期使用，影响卵的呼吸代谢及胚胎发育过程中的 DNA 和蛋白质代谢，使卵孵幼虫缺乏几丁质而不能孵化或孵化后随即死亡。对鳞翅目和双翅目昆虫幼虫有特效。在幼虫期施用，使害虫新表皮形成受阻、延缓发育，或缺乏硬度，不能正常蜕皮而导致死亡或形成畸形蛹死亡。低毒，对鱼类、鸟类、天敌、蜜蜂安全，亦无累积毒性。主要表现为胃毒作用。能够制备成悬浮剂和可湿性粉剂两类剂型，可与阿维菌素、吡虫啉、氰氟虫腙、高效氯氰菊酯、哒螨灵等不同作用机制杀虫剂复配或桶混，以扩大杀虫谱，提高防效。如25%灭脲·吡虫啉可湿性粉剂、30%阿维·灭幼脲悬浮剂、30%哒螨·灭幼脲可湿性粉剂等。

防治对象及使用方法：灭幼脲可用于防治粮食作物、蔬菜、果树等植物上的鳞翅目和双翅目害虫。对鳞翅目幼虫，特别是2龄前幼虫表现为很好的杀虫活性。灭幼脲主要表现为胃毒作用，缺乏内吸性，在树上喷药时务必要喷雾均匀，而且用药时间最适宜为幼虫初孵期。防治果树害虫桃小食心虫、金纹细蛾、卷叶蛾、尺蠖、美国白蛾等，常用25%灭幼脲悬浮剂2 000～3 000倍均匀喷雾。

注意事项：可与一般酸性或中性的药剂混用，但不能与碱性物质混用。用药时间应在害虫幼虫2龄前，喷药过程要细致均匀，不留死角。对于灭幼脲悬浮剂，使用时要先摇匀，后加少量水稀释，再加水至合适的浓度，搅匀后喷雾。

10. 氟铃脲 Hexaflumuron

理化性质及特点：苯甲酰脲类昆虫生长调节剂，纯品为白色结晶，抑制几丁质形成，阻碍害虫正常蜕皮和变态，还能抑制害虫进食速度，具有杀虫活性高、杀虫谱较广、击倒力强、速效等特点。低毒，对鱼类、鸟类、天敌、蜜蜂安全。主要表现为胃毒作用（无内吸性和渗透性），具有很高的杀虫和杀卵活性，特别对棉铃虫属的害虫有特效。可单用也可混用，可以防治对有机磷及拟除虫菊酯已产生抗性的害虫。氟铃脲可与阿维菌素、毒死蜱、高效氯氰菊酯等多种不同机制杀虫剂复配或桶混，常见的应用剂型有悬浮剂、微乳剂、乳油、水分散粒剂等，如20%氟铃脲悬浮剂、5%氟铃脲乳油、2.5%阿维·氟铃脲乳油、20%氟铃脲·毒死蜱乳油等。

防治对象及使用方法：氟铃脲具有强触杀、强速效、强杀卵和胃毒作用，广泛用于防治鞘翅目、鳞翅目、双翅目、同翅目等多种害虫，但目前在国内氟铃脲只是登记在棉花和部分蔬菜作物上。尽管如此，由于其突出的对幼虫和卵的高效、速效活性，使得苹果生产中也在广泛使用氟铃脲，特别是对食心虫的防治，通常在卵孵化盛期或初孵化幼虫入果之前用5%氟铃脲微乳剂1000倍树上喷雾。还有不少报道，氟铃脲及其多个复配制剂用于防治苹果、梨、枣树等果树的金纹细蛾、潜叶蛾、卷叶蛾、刺蛾、桃蛀螟等多种害虫，用药时间在卵孵化盛期或低龄幼虫期，药剂如5%氟铃脲微乳剂1000～2000倍液或20%氟铃脲悬浮剂8000～10000倍液。

注意事项：不能与碱性农药混用，但可与其他杀虫剂混合使用。防治食叶性害虫应在低龄幼虫期施药，钻蛀性害虫应在产卵盛期、卵孵化盛期施药。该药剂无内吸性和渗透性，喷药要均匀、周密。防治十字花科蔬菜害虫时，要严格按标签剂量使用，防止出现药害。严禁在桑园、鱼塘等场所及其周围使用。应避开高温季节使用，或高温时注意剂量浓度。

11. 高效氯氟氰菊酯 Lambda-cyhalothrin

理化性质及特点：高效氯氟氰菊酯又叫三氟氯氰菊酯或功夫菊酯，纯品为白色固体，拟除虫菊酯类杀虫剂，属神经毒剂，抑制昆虫神经轴突部位的传导。高效、广谱、速效，具有趋避、触杀和胃毒作用，无内吸作用。对鳞翅目、鞘翅目和半翅目等多种害虫有良好效果，对叶螨、锈螨、瘿螨、跗线螨等也有一定防效。对人、畜中等毒性，对蜜蜂、家蚕、天敌高毒，对鱼类低毒。高效氯氟氰菊酯像其它拟除虫菊酯类杀虫剂一样，长期多频次使用，易使害虫产生抗药性，目前已有禾谷缢管蚜、绵蚜对该药产生抗药性的报道，因此要注意复配制剂的选用。生产中多用该药剂与噻虫胺、阿维菌素、吡虫啉、毒死蜱、呋虫胺、啶虫脒、吡蚜酮、丁醚脲等不同机制杀虫剂复配或桶混，以拓宽杀虫谱，提高防效，降低抗药性风险。生产中，其单剂或复配剂常见的应用剂型有乳油、水乳剂、悬浮剂、水分散粒剂、颗粒剂、微囊悬浮剂等，有效成分含量也十分丰富。

防治对象及使用方法：用于防治粮食作物、果树、棉花、十字花科蔬菜等植物上的鳞翅目、鞘翅目和半翅目害虫，其单剂或复配制剂，在苹果等果树上应用十分普遍，常用于树上喷雾防治桃小食心虫、卷叶蛾、蚜虫、梨小食心虫、红蜘蛛等多种害虫。一般在卵孵盛期用 2.5% 高效氯氟氰菊酯水乳剂 1 500 ～ 2 000 倍均匀喷雾。防治蚜虫时，最好采用高效氯氟氰菊酯与吡虫啉、吡蚜酮等复配剂或桶混剂，才会有预期的效果。

注意事项：不能与碱性农药混用；喷药要均匀周到；不宜连续使用，需和其他杀虫剂交替使用；对螨类虽有杀伤作用，但残效期短，且杀伤天敌，不宜作为专用杀螨剂使用；避免在鱼塘、蜂场和桑园附近菜园施药。

12. 毒死蜱 Chlorpyrifos

理化性质及特点：纯品为白色粒状结晶，高效、广谱、低残留有机磷杀虫剂，乙酰胆碱酯酶抑制剂，通过抑制害虫体内神经中的乙酰胆碱酯酶 AChE 或胆碱酯酶 ChE 的活性从而阻止其进行正常的神经冲动传递，致使害虫出现异常兴奋、痉挛、麻痹直至死亡，具有触杀、胃毒和熏蒸作用，无内吸作用，但有一定的渗透作用，特别是能通过根部渗透入植物茎叶内，延长药效。除叶面喷雾外，制成颗粒后施入土壤，药效能不断发挥，杀死在土壤中生存为害的地下害虫。中等毒，对蜜蜂、鱼类等水生生物、家蚕有毒。混用相容性好，可与阿维菌素、吡虫啉、噻虫嗪、呋虫胺、螺虫乙酯、高效氯氰菊酯等多种杀虫剂混用或桶混，增效作用明显。生产中常用剂型有乳油、水乳剂、可湿性粉剂、微囊悬浮剂、微乳剂等。

防治对象及使用方法：对果树、蔬菜、茶树、水稻、小麦、棉花上多种咀嚼式和刺吸式口器害虫均具有较好防效。可用作喷雾、灌根和土壤处理，对地下害虫有特效，持效期长达 30 d 以上。在苹果生产中，可应用的有 480 g/L 毒死蜱乳油或 40% 毒死蜱微乳剂单剂，或甲维·毒死蜱、高氯·毒死蜱、吡虫·毒死蜱等复配制剂，用来防治苹果绵蚜、卷叶蛾、桃小食心虫等害虫。防治苹果树绵蚜可用 480 g/L 毒死蜱乳油 1500 倍液在绵蚜发生期均匀喷雾。防治卷叶蛾可选择 30% 高氯·毒死蜱水乳剂 1000 倍液。

注意事项：在苹果树一个生长季节中最多使用 2 次。不能与碱性农药混用，为保护蜜蜂，应避免在开花期及桑园周围使用。

13. 阿维菌素 Abamectin

理化性质及特点：一类具有杀虫、杀螨、杀线虫活性的十六元大环内酯化合物，刺激释放 γ-氨基丁酸，干扰和抑制神经生理活动，导致出现麻痹症状。由链霉菌中阿维链霉菌 *Streptomyces avermitilis*

发酵产生，属于生物源杀虫剂。对鳞翅目、同翅目、鞘翅目和双翅目等多种害虫和螨类有良好效果，具有胃毒和触杀作用，无内吸作用，不能杀卵，对叶片有很强的渗透作用，可杀死表皮下的害虫，残效期长达15 d。能快速渗入植物薄壁组织内，可较长时间存在于组织中并具有传导作用，对害螨和植物组织内取食危害的线虫有长残效性和良好效果。原药高毒、制剂中等毒性，对水生生物、蜜蜂高毒，对鸟类低毒。阿维菌素是一款集杀虫、杀螨、杀线虫的药剂，应用非常广泛，但已有田间害虫产生抗药性的相关报道。为了延缓害虫抗药性的产生，应开展药剂轮换或应用复配制剂，如阿维·高效氯氰菊酯、阿维·高效氯氟氰菊酯、阿维·联苯菊酯、阿维·氟铃脲、阿维·毒死蜱、阿维·氯苯酰、阿维·啶虫脒、阿维·哒螨灵、阿维·印楝素、阿维·苏云金杆菌等，极大地丰富了杀虫谱，提高了防效。单剂及复配产品的生产应用剂型也多种多样，有乳油、可湿性粉剂、微乳剂、悬浮剂等等。阿维菌素及甲维盐，杀虫速度较慢，一般用药2～4 d后虫才能死亡。

防治对象及使用方法：对害虫的幼虫、害螨的成螨和幼若螨高效，用于蔬菜、果树、棉花上多种害虫和害螨的防治。对植物根部的根结线虫也有良好的效果。在苹果生产中，常在卵孵化盛期和幼虫发生期，用1.8%阿维菌素乳油3 000～5 000倍液，或20%甲维·除虫脲悬浮剂2 000～3 000倍液，或4%阿维·啶虫脒乳油3 000～4 000倍液喷雾，防治金纹细蛾、卷叶蛾、桃小食心虫、蚜虫、红蜘蛛等。

注意事项：不能与碱性农药混用。对鱼、蜜蜂高毒，喷雾地点应远离河流，喷药时间避开花期。收获前20 d停止施药。

14. 氯虫苯甲酰胺 Chlorantraniliprole

理化性质及特点：全新一代杀虫剂，纯品外观为白色结晶，双酰胺类杀虫剂，能高效激活昆虫鱼尼丁（肌肉）受体，使害虫过度释放细胞内钙库中的钙离子，导致其瘫痪死亡。对鳞翅目害虫的幼虫活性高，杀虫谱广，持效性好，对部分鞘翅目和同翅目害虫也有很好的防治效果。高效广谱，具有胃毒、触杀和很强的渗透性及优异的内吸性，微毒，对鱼、蜂、水生生物、天敌及哺乳动物毒性较低，对环境十分友好。氯虫苯甲酰胺为一超高效杀虫剂，在低剂量下就有可靠和稳定的防效，因此频繁的使用下，已导致在蔬菜、棉花、水稻等作物上的部分害虫出现抗药性。为了防止苹果害虫出现类似抗药性，应用氯虫苯甲酰胺复配制剂非常重要。氯虫苯甲酰胺具有强大的可复配性，目前已知的复配制剂有：氯虫·噻虫嗪、氯虫·噻虫胺、氯虫·高氯氟、阿维·氯苯酰等，值得应用推广。氯虫苯甲酰胺有颗粒制剂、液体制剂、水分散粒剂和悬浮剂等，悬浮剂剂型效果更好。

防治对象及使用方法：高效、广谱，药效期长，耐雨水冲洗，对苹果园金纹细蛾、桃小食心虫、梨小食心虫、卷叶蛾有显著的防治效果。防治苹果树金纹细蛾、桃小食心虫等害虫可用35%氯虫苯甲酰胺水分散粒剂15 000倍液喷雾。防治苹小卷叶蛾可选择14%氯虫·高氯氟悬浮剂3 000～4 000倍液。

注意事项：不能与碱性农药混用。当气温高、田间蒸发量大时，应选择早上10点以前，下午4点以后用药。持效期15 d以上，在苹果上安全间隔期14 d，耐雨水冲刷，喷药2 h后下雨，无需补喷。

15. 虫螨腈 Chlorfenapyr

理化性质及特点：吡咯类杀虫剂、杀螨剂，又名溴虫腈，纯品为白色固体。作用于昆虫体内细胞的线粒体上，通过昆虫体内的多功能能氧化酶起作用，主要抑制二磷酸腺苷（ADP）向三磷酸腺苷（ATP）的转化，破坏细胞内的能量合成。用药后害虫活动减慢，行动失调，停止取食，细胞衰竭，昏迷、瘫软，药后 24 h 达到死虫高峰。安全、广谱、高效、持效，具有胃毒及触杀作用，在叶面渗透性强，有一定的内吸作用，但不杀卵，对高龄虫防效突出，控虫时间在 7 ～ 10 d。无交互抗性，对鳞翅目、同翅目、鞘翅目等目中的 70 多种害虫都有极好的防效，特别对有机磷、氨基甲酸酯、菊酯类和几丁质合成抑制剂类产生抗性的害虫和螨类有很好的效果。本品为仿生农药，对人、畜毒性低，但对鱼有中等毒。虫螨腈可以和阿维菌素、茚虫威、噻虫嗪、联苯菊酯、虫酰肼等不同机制杀虫剂复配或混合使用，增效明显。

防治对象及使用方法：虫螨腈杀虫广谱，国内登记产品主要应用于防治蔬菜、大田作物、果树、茶叶等作物上的害虫和螨类，特别是用来防治鳞翅目害虫。在果树应用，国内为虫螨腈的单剂，用来树上喷雾防治苹果金纹细蛾、梨木虱和柑橘上的潜叶蛾，技术重点在卵孵盛期或在低龄幼虫发育初期，使用 240 g/L 虫螨腈悬浮剂 4 000 ～ 5 000 倍液防治金纹细蛾或潜叶蛾；防治梨木虱用 1 500 ～ 2 500 倍液。施药时要均匀地将药液喷到叶面害虫取食部位或虫体上。提倡与其他不同作用机制的杀虫剂交替使用，如卡死克等，每季作物建议使用次数不超过 2 次。

注意事项：不能与碱性农药混用。只限于在登记作物上使用，应与其他不同作用方式的农药轮用。每季作物使用该药不超过 2 次。

16. 虫酰肼及甲氧虫酰肼 Tebufenozide/Methoxyfenozide

理化性质及特点： 虫酰肼纯品外观为灰白色固体，蜕皮激素类杀虫剂，在害虫幼虫取食该药后，干扰昆虫体内原有的激素平衡，促使害虫不断形成新的畸形表皮，影响害虫的生长发育，致使虫体停止取食、脱水、饥饿而死。具有广谱、高效、低毒等特性，胃毒作用突出，选择性强，杀虫、杀卵活性高，但无内吸性和渗透性。一般的害虫取食 5 h 后停止为害，1～2 d 出现蜕皮反应，2～3 d 导致不完全脱皮、拒食，全身失水，最终死亡，3 d 左右达到死虫高峰。低毒，对人、哺乳动物、蜜蜂和蚯蚓安全无害，对鱼和水生脊椎动物有毒，对蚕高毒。虫酰肼可与多种不同机制的杀虫剂复配或桶混，如甲维·虫酰肼、虫酰·高氯、虫酰·苏，以拓宽杀虫谱，提高防效。

甲氧虫酰肼是虫酰肼的衍生物，一方面生物活性比虫酰肼更高，另一方面有较好的根内吸性，对水稻害虫防效更高。对鳞翅目昆虫具有高度的选择毒性并且对环境和非靶标生物安全，是目前替代有机磷和拟除虫菊酯类杀虫剂的理想品种。目前该产品登记形式为甲氧虫酰肼单剂或与阿维菌素、甲氨基阿维菌素苯甲酸盐、虫螨腈、乙基多杀菌素、茚虫威、三氟甲吡醚、吡蚜酮等混配登记。最新研究表明，土壤对甲氧虫酰肼吸附性能强，吸附系数高，应注意其环境风险。

防治对象及使用方法： 已广泛应用于水稻、棉花、果树、蔬菜等作物及森林防护上，防治各种鳞翅目、鞘翅目、双翅目等害虫，对所有鳞翅目幼虫均有效，对抗性害虫棉铃虫等鳞翅目幼虫有特效，防治苹果、梨、桃等果树卷叶虫、食心虫、各种刺蛾、各种毛虫、潜叶蛾、尺蠖等害虫，在幼虫发生初期用 20% 虫酰肼悬浮剂 1 000～2 000 倍液喷雾。甲氧虫酰肼，目前在苹果上仅登记用于防治苹小卷叶蛾害虫。

注意事项：该药对卵效果差，在幼虫发生初期喷药效果好。虫酰肼对鱼和水生脊椎动物有毒，对蚕高毒，用药时不要污染水源，要远离水产养殖区；严禁在桑蚕养殖区用药。

17. 哒螨灵 Pyridaben

理化性质及特点：哒嗪酮类化合物，广谱、触杀性杀螨剂，无内吸性。纯品外观为无色晶体，通过抑制害螨的呼吸代谢，麻痹害虫，达到杀虫效果。中等毒性，对鱼、蜜蜂、家蚕有毒。哒螨灵应用广泛，对叶螨、全爪螨、小爪螨、瘿螨和跗线螨等植食性害螨均具有明显防治效果，而且杀螨迅速，同时对卵、若螨、成螨有效果，哒螨灵活性不受温度影响。但应用到目前，山楂叶螨、朱砂叶螨等在多地已经对哒螨灵产生了抗药性。因此，要用好哒螨灵，只有复配其他药剂，或者与其他作用机制的杀螨剂交替使用。目前与哒螨灵常混配的药剂，主要有阿维菌素、螺螨酯、呋虫胺、啶虫脒、噻嗪酮、丁醚脲、虫螨腈等，复配后增添了胃毒作用，加强了速效性和持效性。

防治对象及使用方法：适用于苹果、梨、山楂、柑橘、棉花、烟草、蔬菜（茄子除外）及观赏植物。防治苹果红蜘蛛、梨和山楂等锈壁虱时，在害螨发生期均可施用，可用20%哒螨灵可湿性粉剂2 000～3 000倍液喷雾。根据多种螨对哒螨灵产生抗药性的现状，生产中应尽量减少其单剂的使用，而改用其复配剂，如防治苹果树上山楂叶螨，使用10%阿维·哒螨灵乳油2 000倍，或25%哒螨·螺螨酯悬浮剂3 500倍。安全间隔期为15 d。

注意事项：不能与碱性农药混用。对鱼类、蜜蜂有毒，施药时应远离池塘、水源；花期使用应避开作物花期蜜蜂活动的区域施药。在收获前15 d停止用药。

18. 四螨嗪 Clofentezine

理化性质及特点：纯品为红色晶体，四嗪类杀螨剂，胚胎发育抑制剂。属高效、低毒广谱杀螨剂，主要杀螨卵，但对幼螨也有一定效果，对成螨无效。药效发挥较慢，持效期 50～60 d，施药后 2～3 周可达到最高杀螨效果。在螨的密度大或温度较高时施用，最好与其他杀成螨药剂混用，通常与四螨嗪复配的药剂有阿维菌素、联苯肼酯、哒螨灵、苯丁锡、丁醚脲等，以弥补四螨嗪只杀卵的不足，增加对成螨、幼螨和若螨的防治功效，利于螨害的抗性治理。气温低 (15℃左右) 和虫口密度小时施用效果好。对鸟类、鱼类及天敌昆虫安全，对人、畜低毒。

防治对象及使用方法：用于防治苹果、柑橘、梨、花卉和棉花上的螨虫，常在螨卵初孵期用 20% 螨死净（四螨嗪）悬浮剂 1 500～2 000 倍液喷雾防治苹果树上的红蜘蛛。更多时候，生产上用 10% 阿维·四螨嗪悬浮剂 1 500～2 000 倍液，或 30% 四螨·联苯肼悬浮剂 1 500～2 000 倍液，或 10% 四螨·哒螨灵悬浮剂 1 000～2 000 倍液防治螨类，同时增加对成螨、幼螨和若螨的防治。

注意事项：不能与碱性农药混用。本药剂对成螨效果差，在螨的密度大或气温较高时最好与其他杀成螨药剂混用。与尼索朗有交互抗性，不能交替使用。

19. 螺螨酯 Spirodiclofen

理化性质及特点：季酮螨酯类化合物，纯品为白色粉状，能抑制害螨体内的脂肪合成，阻断螨的能量代谢。具触杀作用，没有内吸性，杀螨谱广、适应性强，对红蜘蛛、黄蜘蛛、锈壁虱、茶黄螨、朱砂叶螨和二斑叶螨等均有很好防效，对害螨的卵、幼螨、若螨具有良好的杀伤效果，对成螨无效，但对雌成螨有很好的绝育作用。与其他杀螨剂之间无交互抗性。低毒、低残留、安全性好。螺螨酯既可以单用，也可以与阿维菌素、联苯肼酯、乙螨唑、哒螨灵、四螨嗪、苯丁锡、三唑锡等不同作用机制杀螨剂复配或桶混，以补足该杀螨剂对成螨的防治缺陷。

防治对象及使用方法：螺螨酯用于防治果树、蔬菜、棉花等作物上的害螨，对害螨的卵、幼螨、若螨具有良好的杀伤效果，对成螨无效。在苹果园害螨发生初期，常用 34% 螺螨酯悬浮剂 4 000 ～ 5 000 倍液，或 240 g/L 螺螨酯悬浮剂 4 000 ～ 6 000 倍液防治。当螨类危害严重时，要选择对成螨有防治效果的其他杀螨剂搭配或混用，来消灭成螨的威胁，药剂可选择 45% 螺螨·三唑锡悬浮剂 5 000 ～ 7 000 倍液，或 30% 阿维·螺螨酯悬浮剂 6 000 ～ 8 000 倍液，或 45% 哒螨·螺螨酯悬浮剂 5 000 ～ 6 000 倍液等。

注意事项：不能与碱性农药混用。螺螨酯的主要作用方式为触杀和胃毒，无内吸性，因此喷药要全株均匀喷雾，特别是叶背。当果园成螨的数量较大时，建议与速效性好、残效短的杀螨剂，如阿维菌素等混合使用，既能快速杀死成螨，又能长时间控制害螨虫口数量的恢复。

20. 乙螨唑 Etoxazole

理化性质及特点：二苯基恶唑啉衍生物，纯品外观为白色晶体粉末，为几丁质抑制剂，抑制螨卵的胚胎形成以及从幼螨到成螨的蜕皮过程，对卵及幼螨有效，对成螨无效，具触杀作用，没有内吸性。耐雨水冲刷，持效期长达 50 d，能有效防治对现有杀螨剂产生抗性的害螨，与常规杀螨剂无交互抗性。微毒，对环境安全，对有益昆虫危害极小，对蜜蜂低毒。在生产中，遇螨类危害初期，可单用乙螨唑防治，当螨类危害严重时应与防治成螨的杀螨剂搭配混用，或选择使用与阿维菌素、联苯肼酯、螺虫乙酯、哒螨灵等不同类型的杀虫、杀螨剂的复配制剂。

防治对象及使用方法：主要用于防治苹果、柑橘的红蜘蛛，对棉花、花卉、蔬菜等作物的叶螨、始叶螨、全爪螨、二斑叶螨、朱砂叶螨等螨类也有很好的防治效果。最佳防治时间是害螨为害初期，可用 20% 乙螨唑悬浮剂兑水稀释 3 000 ～ 4 000 倍进行均匀喷雾。当螨类为害严重时，可选择 30% 乙螨·三唑锡悬浮剂 6 000 ～ 8 000 倍液，或 20% 阿维·乙螨唑悬浮剂 6 000 ～ 8 000 倍液，或 25% 哒螨·乙螨唑悬浮剂 2 000 ～ 3 000 倍液，来同时防治害螨的卵、幼螨、若螨和成螨。

注意事项：不能与碱性农药混用。本品对鱼类等水生生物、家蚕有毒，蚕室及桑园附近禁止施药，远离水产养殖区、河塘等水体施药，禁止在河塘等水体内清洗施药器具。注意与作用机制不同的杀螨剂轮换使用，以延缓抗性产生。

21. 三唑锡 Azocyclotin

理化性质及特点：纯品为无色粉末，广谱性、触杀性有机锡杀螨剂，通过抑制神经系统信息传递，使其麻痹死亡。可杀灭幼螨、若螨、成螨和夏卵等螨虫，持效期长达 30 d 以上，对敏感性和抗性螨类均有很好的防治效果。中等毒性，对鱼类高毒，对鸟类有中等毒，对蜜蜂毒性极低。国内监测结果显示，田间监测种群对三唑锡已处于敏感性下降及低水平抗性阶段。因此，要管控好三唑锡的应用，尽量减少单剂的应用次数，开展轮换用药，或与阿维菌素、乙螨唑、螺螨酯、哒螨灵、四螨嗪、丁醚脲、联苯菊酯等杀螨剂复配或桶混，以延长三唑锡的使用年限，提高防治效果。

防治对象及使用方法：适用于防治苹果、柑橘、葡萄、蔬菜、棉花等作物上的苹果全爪螨、山楂叶螨、柑橘全爪螨、柑橘锈螨、二斑叶螨、朱砂叶螨、截形叶螨等。防治苹果园山楂红蜘蛛、二斑叶螨及葡萄等果树叶螨，可在叶螨发生初期用 25% 三唑锡可湿性粉剂 1 000 ～ 1 500 倍液喷雾。为了延缓抗药性的产生，生产中多采用 12.5% 阿维·三唑锡可湿性粉剂 1 000 ～ 1 500 倍液，或 30% 乙螨·三唑锡悬浮剂 6 000 ～ 8 000 倍液，或 45% 螺螨·三唑锡悬浮剂 5 000 ～ 7 000 倍液。

注意事项：不能与碱性农药混用。收获前 21 d 停止使用。与波尔多液应有一定间隔期，夏季先用三唑锡，7 ～ 10 d 后才可喷波尔多液，若现喷波尔多液需隔 20 d 才能喷三唑锡，否则会降低防效。

22. 腈吡螨酯 Cyenopyrafen

理化性质及特点：纯品为灰白色结晶固体，丙烯腈类触杀型杀虫螨剂，通过破坏呼吸电子传递链中的琥珀酸脱氢酶来抑制线粒体的功能，阻碍电子传递，破坏氧化磷酸化过程。广谱、高效、速效、持效，对各类害螨、食心虫均具有很好的防治效果，可同时击杀螨类的幼螨、成螨和卵。微毒，对鸟类、鱼类、蜜蜂、蚯蚓等环境生物低毒，对捕食性螨虫、草蛉、花蝽等天敌没有明显影响。在生产中通常腈吡螨酯单用或与哒螨灵、乙螨唑、虫螨腈等杀螨剂复配。

防治对象及使用方法：可用于苹果等果树、茶树、蔬菜等作物防治各类害螨和食心虫。防治苹果园红蜘蛛、白蜘蛛可用 30% 腈吡螨酯悬浮剂 3 000 倍液喷雾。

注意事项：不能与碱性农药混用。注意与其他杀螨剂交替轮换。

23. 铜制剂 Copper

铜是一种金属元素，可以形成多种化合物，其中的 +1 和 +2 价的氧化态，分别称为亚铜和铜，其水溶液具有杀菌作用，能够抑制细菌和真菌的生长。对病菌起作用的是 Cu^{2+}，能与病原菌的蛋白质结合，导致菌体蛋白酶变性死亡。

理化性质及特点：铜制剂主要分为无机铜和有机铜两种，是一种预防性杀菌剂，依靠铜离子均匀分布在叶片上，形成一层药膜，阻隔和抑制病菌的进入和病原孢子萌发。具有杀菌谱广，持效期长，不易产生抗药性的特点。用药的最适宜时机是作物发病前和发病初期。

无机铜：氢氧化铜、碱式硫酸铜、王铜、氧化亚铜、络氨铜等（表6-1）。使用时要将药液的 pH 值调在 6 以上，低浓度使用，不能和其他酸性农药混用。

表 6-1　无机铜制剂及系列产品

品种	成分	作用方式	理化性质及使用方式	代表商品
硫酸铜	$CuSO_4$	Cu^{2+}	单施	蓝矾
碱式硫酸铜	$CuSO_4 \cdot xCu(OH)_2 \cdot yCa(OH)2 \cdot zH_2O$	叶面碱式硫酸铜分解为氢氧化铜，释放出 Cu^{2+}	碱性，单施，耐雨水冲刷	波尔多液

续表

品种	成分	作用方式	理化性质及使用方式	代表商品
氢氧化铜	$Cu(OH)_2$	Cu^{2+}	中性、单施或与其他杀菌剂、杀虫剂混用（代森锰锌除外）、耐雨水冲刷	可杀得3 000
碱式碳酸铜	$Cu_2(OH)_2CO_3$	Cu^{2+}	高纯度波尔多液，中性，单施或与其他杀菌剂、杀虫剂混用（代森锰锌、代森锌等含金属离子化合物除外），耐雨水冲刷	必备
氧化亚铜	Cu_2O	Cu^+	单施，耐雨水冲刷	铜大师
王铜	$Cu(OH)_2 \sim 3CuCl_2$	Cu^{2+}	除碱性农药、金属离子化合物和多菌灵、甲基硫菌灵、矿物油外，可与其他药剂混用，耐雨水冲刷	碱式氯化铜、氧氯化铜
硫酸铜钙	$CuCaSO_4$	Cu^+	中性偏酸，耐雨水冲刷，药效持久，单施或与其他不含金属离子化合物混用	多宁

有机铜：乙酸铜、噻菌铜、喹啉铜、琥胶肥酸铜（DT）、松脂酸铜、壬菌铜、环烷酸铜、铜皂液、氨基酸铜、腐植酸铜等。有机铜制剂大多数显中性，具有更好的亲和性和混配性，使用方便安全，便于操作，"含铜量"更低，对环境的污染更小。

很多作物在花期和幼果期对铜离子敏感，易产生药害，为了防止铜离子的药害，铜制剂一般制成难溶性盐类或络合物杀菌剂，以减少游离的铜离子。

防治对象及使用方法：适用于瓜、果、菜等作物的主要真菌和细菌性病害，在发病前或发病初期用药。预防苹果褐斑病，可在果实套袋后，树上连用 2 次石灰倍量式或多量式波尔多液，或 80% 必备（波尔多液）可湿性粉剂 500 倍液，或 46% 氢氧化铜水分散粒剂 1 000 倍液。在苹果褐斑病零星发生期可用 35% 唑醚·喹啉铜悬浮剂 2 500 倍液喷雾。

注意事项：所有产品在苹果花期和幼果期禁用。所有产品禁止与含金属离子的叶面肥混用。自制波尔多液只能单用，不能与其他杀菌剂、杀虫剂、杀螨剂或含金属离子的叶面肥混用。应在发病前喷洒，现配现用。配制或储存本剂的容器不能是金属，可选择塑料桶。使用时应该避开高温时间段，高温时期，植株表面水分蒸发快，相对加大了已经喷洒在植株表面的铜制剂的浓度，容易产生药害。铜制剂不能与含金属离子的物质及氨基酸、海藻酸、磷酸二氢钾、甲壳素类的叶面肥混用。

24. 石硫合剂 Lime sulfur

理化性质及特点：是由生石灰、硫磺和水按 1∶2∶10 比例混合熬制而成的一种红褐色透明液体，呈强碱性，低毒，能侵蚀病菌和害虫体壁，具有杀菌、杀虫、杀螨活性，属无机保护性杀菌剂，有效成分为多硫化钙等。

防治对象及使用方法：主要应用于苹果、柑橘、梨、桃、葡萄、枣等果树及花卉、豆类、麦类等作物防治叶螨类、锈螨类、介壳虫等害虫，以及腐烂病、白粉病等病害。在果园，通常在休眠期用来清园，防治苹果腐烂病、白粉病、霉心病、红蜘蛛和蚜虫，使用浓度为 3 ~ 5°Bé。石硫合剂在苹果树上的另一用途是作为疏花剂使用，应用 0.5 ~ 1.5°Bé 的石硫合剂，在初盛花期和盛花后 3 d 各喷 1 次。

注意事项：本剂对金属腐蚀性强，熬制和存放均不能用铜、铝器具。只能单用，不能与其他杀菌剂、杀虫剂、杀螨剂或含金属离子的叶面肥混用。石硫合剂显强碱性，一般不做涂干使用，特别是幼树。

25. 代森锌 Zineb

理化性质及特点：纯品为灰白色粉末，保护性有机硫杀菌剂，通过抑制病原菌含 - SH 的酶活性起杀菌作用。对人畜低毒，对蜜蜂无毒，对较低等真菌及炭疽病菌有较强的触杀作用。只有预防作用，喷施后仅保留在植物表面，不能渗透表皮，无内吸性，没有治疗作用。生产应用中，代森锌常与吡唑醚菌酯、乙膦铝等不同作用机制的药剂复配或桶混，以拓宽杀菌谱，提高防效，降低病原菌产生抗药性的风险。

防治对象及使用方法：可用于防治粮食作物、蔬菜、果树、烟草等作物的多种病害。对苹果等多种果树病害有良好的防治效果，通常通过喷雾来防治苹果花腐病、霉心病、炭疽病、黑星病、褐斑病和锈病等，常在发病前或发病初期用 80% 代森锌可湿性粉剂 500 ~ 700 倍液喷雾。

注意事项：不能与铜素杀菌剂和碱性农药混用。在酸性条件下极易分解产生 CS_2，引起植物药害，出现果锈。对人体皮肤、黏膜等有刺激作用，使用时要注意安全保护。

26. 代森铵 Amobam

理化性质及特点：有机硫杀菌剂，纯品为无色结晶，高效广谱保护性杀菌剂，喷施到植物体表后能迅速渗入植物组织中杀死病菌，因此具有铲除和治疗作用。对人畜、鱼类低毒。杀菌谱广，能防治多种作物病害，持效期短，仅 3～4 d。有多种使用方式，可以叶面喷雾、种子处理和土壤处理。产品的登记形式目前仅有 45% 水剂 1 种。

防治对象及使用方法：主要用于防治果树和蔬菜的真菌性病害，施药方式多样，既可用于苗床消毒、种子消毒，还可用于全株喷雾。在苹果生产中常用来防治苹果腐烂病、霉心病、炭疽病、黑星病、根腐病和锈病等，在发病前或发病初期用 45% 代森铵水剂 800～1 000 倍液喷雾。防治苹果根腐病可用 45% 代森铵水剂 200～300 倍液灌根。

注意事项：不能与铜素杀菌剂和碱性农药混用。在酸性条件下极易分解产生 CS_2，引起植物药害，出现果锈，所以幼果期慎用。

27. 代森锰锌 Mancozeb

理化性质及特点：有机硫杀菌剂，纯品为白色粉末，高效、低毒、广谱保护性杀菌剂，通过抑制病菌代谢过程中菌体丙酮酸的氧化，使病菌的生长停止。目前市场上代森锰锌原药有"普通代森锰锌"和"全络合代森锰锌"两种，非全络合态结构普通代森锰锌，原药细度在 40 μm，加工成的可湿性粉剂产品，细度最好也在 10～12 μm，锌离子只能部分包裹锰离子，锰离子的释放速度过快，易对作物产生药害，同时药效也被降低；而全络合态结构代森锰锌产品，原药细度在 2 μm，以锰离子为核心，锌离子为外壳，用锌离子来控制锰离子的释放速度，锌离子能够完全包裹住锰离子，可以控制锰离子释放速度，大大提升了对作物的防效和安全性。全络合态代森锰锌药效持效期长、耐雨水冲刷，其不仅能为作物提供所需微量元素锰和锌，还能增强作物抵抗病害的能力。可混性好，不易产生抗性，防治效果明显优于其他有机硫杀菌剂。代森锰锌是多作用位点的杀菌剂，常与多种其他杀菌剂药剂混配使用，如烯酰吗啉、甲基硫菌灵、甲霜灵、霜脲氰、霜霉威、苯霜灵、苯酰菌胺、三乙膦酸铝、咪唑菌酮、百菌清、噁霜灵等以及部分防治卵菌病害的药剂，既能保护水果和蔬菜等作物，又能避免病害产生抗药性。

防治对象及使用方法：广泛用于防治果树、蔬菜以及粮食作物上由多种卵菌、子囊菌和担子菌引起的病害，常在发病前或发病初期进行全株喷雾。在苹果生产中，特别是在旱季，常用代森锰锌单剂防治苹果斑点落叶病、炭疽病、黑星病、轮纹病和黑点病等，使用剂量为 80% 代森锰锌可湿性粉剂 600 ～ 800 倍液。在多雨季节，多与其他不同机制的杀菌剂复配或混用，如锰锌·腈菌唑、苯甲·锰锌、代锰·戊唑醇、甲硫·锰锌等。

注意事项：不能与铜素杀菌剂和碱性农药混用。幼果期容易造成药害，慎用。夏季高温季节，避免中午用药。使用络合态代森锰锌雨前喷施，雨后不必补喷。

28. 代森联 Metiram

理化性质及特点：纯品为白色粉末，有机硫触杀性杀菌剂，是代森锌与氨基酸基的络合物，适用范围广，可以有效地防治多种病害，该药为病菌复合酶抑制剂，能干扰病菌细胞的多个酶作用点，不易产生抗性，可抑制真菌孢子萌发，干扰芽管的发育伸长。对人畜低毒，对蜜蜂、捕食螨等有益生物无毒，但对鱼有毒。其杀菌范围广、不易产生抗性，防治效果明显优于其他同类杀菌剂。代森联速效性好，持效期较长，使用安全，即使在花期使用也没有药害。代森联的含锌量更高，保护效果更好，具有明显的叶面增绿和果面鲜亮、提高商品性的效果。安全性好，不会因 Mn、Zn 积累中毒，适用于大部分作物的各个时期。代森联作为一种优秀的保护性杀菌剂，常与多种不同机制的杀菌剂复配使用或桶混，如唑醚·代森联、苯甲·代森联、醚菌·代森联、肟菌·代森联、戊唑·代森联、咪锰·代森联等，综合效果更好。

防治对象及使用方法：主要用于防治果树、蔬菜作物上的多种真菌病害。对防治苹果、梨黑星病、苹果斑点落叶病、瓜菜类疫病、霜霉病、大田作物锈病等效果显著，不用其他任何杀菌剂完全可有效控制病害发生。常于病害发生初期用 70% 代森联水分散粒剂 800～1 000 倍液喷雾；也可以选择 60% 唑醚·代森联水分散粒剂 1 500～2 000 倍液，或 70% 戊唑·代森联水分散粒剂 600～800 倍液等喷雾。

注意事项：不能与铜制剂和碱性农药混用。对鱼有毒，不可靠近池塘使用。于作物发病前预防处理，施药最晚不可超过作物病状初现期。

29. 丙森锌 Propineb

理化性质及特点：纯品为白色或微黄色粉末，一种新型、高效、低毒、广谱氨基甲酸酯类保护性有机硫杀菌剂。杀菌原理与代森锰锌相同，作用于真菌细胞壁和蛋白质的合成，能抑制孢子的萌发和侵染，同时能抑制菌丝体的生长，导致其变形、死亡。且该药含有易于被作物吸收的锌元素，丙森锌的工艺提高了含锌量，使得保护效果被大大地提高。对作物安全，对人畜低毒，对蜜蜂无毒。丙森锌较代森锰锌及其他保护性杀菌剂药效更稳定，效果更优异，更具安全性与持效性，但丙森锌不宜长时间地单独使用，会诱发抗药性。丙森锌可与多种不同机制的杀菌剂复配，特别是内吸性杀菌剂复配，增加了抑制菌体器官及酶活功能的位点数目，拓宽了杀菌谱，强化了杀菌活性，提高了防效。目前已正式登记的含丙森锌的复配制剂包括：60% 戊唑·丙森锌水分散粒剂、41% 中生·丙森锌可湿性粉剂、50% 唑醚·丙森锌水分散粒剂、60% 丙森·醚菌酯水分散粒剂、80% 甲硫·丙森锌可湿性粉剂、70% 多抗·丙森锌可湿性粉剂、75% 丙森·多菌灵可湿性粉剂、60% 丙森·咪鲜胺可湿性粉剂、45% 丙森·己唑醇水分散粒剂、50% 苯甲·丙森锌可湿性粉剂等，以方便防治不同病害的需求。

防治对象及使用方法： 丙森锌主要用于防治果树、蔬菜的病害，其杀菌谱更广，药效较代森锰锌更稳定、持效，杀菌效果更优异，安全性较代森锰锌更高。主要用于防治苹果轮纹病、炭疽病、褐斑病、苹果斑点落叶病等，常于病害发生前或发生初期用 70% 丙森锌可湿性粉剂 600 ～ 800 倍液喷雾。也可交替选用 70% 戊唑·丙森锌可湿性粉剂 1 000 倍液，或 75% 吡醚·丙森锌可湿性粉剂 2 500 倍液，或 45% 丙森·腈菌唑水分散粒剂 1 000 倍液，或 60% 丙森·咪鲜胺可湿性粉剂 1 000 倍液等，在病害发生初期用药，能高效防治苹果褐斑病、斑点落叶病、苹果轮纹病、苹果锈病、苹果白粉病、苹果炭疽病等。

注意事项： 不能与铜制剂和碱性农药混用。在病害发生前或始发期用药。丙森锌最好不要长时间地单独使用。

30. 克菌丹 Captan

理化性质及特点： 纯品为白色结晶，属于传统多位点有机硫类杀菌剂，以保护作用为主，兼有一定的治疗作用。由于其不含金属离子，对作物安全。对人畜低毒，对蜜蜂无毒，但对人皮肤有一定刺激性，对鱼类有毒。克菌丹对病原菌作用靶点多，不易产生抗药性，对高等真菌和低等真菌均有效，既可以喷雾，又能拌种、穴施、灌根和冲施。克菌丹对苗期和土传病害效果显著，采用土壤处理、拌种、灌根、畦面处理、冲施等使用方式都能有效地解决植物茎基部的疫病、枯萎病、黄萎病、根腐病、立枯病、猝倒病、苗疫病等种传病害或土传病害。

防治对象及使用方法： 主要用于蔬菜、果树、大田作物防治真菌病害。以防治苗期和土传病害效果最好。克菌丹是一种非常广谱的杀菌剂，兼有保护和治疗作用，其单剂或复配制剂常用于防治苹果炭疽病、轮纹病、褐斑病、斑点落叶病、黑点病等，一般在病害发生前，用 40% 克菌丹悬浮剂 400～600 倍液喷雾预防该类病害的发生。病害发生蔓延后要尽快选用 40% 克菌·戊唑醇悬浮剂 800～1 200 倍液，或 60% 唑醚·克菌丹水分散粒剂 2 000 倍液，或 50% 苯甲·克菌丹水分散粒剂 2 000 倍液等进行治疗。

注意事项： 不能与铜制剂和碱性农药混用。不能与乳油类药剂或矿物油混用，以免产生药害。不能与有机磷类农药混用，也不能与含有锌离子的叶面肥混用，以免发生药害。

31. 异菌脲 Iprodione

理化性质及特点： 二甲酰亚胺类杀菌剂，纯品为白色结晶，高效广谱、触杀型杀菌剂，抑制蛋白激酶活性，控制细胞内信号传导，抑制真菌孢子的产生、萌发以及菌丝的生长。对人畜低毒，对鱼类、蜜蜂安全。对葡萄孢属、链孢霉属、核盘菌属、小菌核属等真菌引起的灰霉病、菌核病、早疫病、黑斑病、斑点病等多种真菌性病害有较好效果，也能有效防治对苯并咪唑类内吸杀菌剂有抗性的真菌。异菌脲在国内已有 20 多年的应用历史，目前国内登记的有单剂和复配制剂，复配的成分主要有戊唑醇、咪鲜胺、氟啶胺、腐霉利、甲基硫菌灵、多菌灵等化合物。一般的单剂全生育期最多使用 3 次，最好与治疗性药剂复配一起使用。

防治对象及使用方法：主要用于蔬菜、果树、瓜类、花卉等作物的生长期和储藏期真菌病害。异菌脲杀菌谱广，可防治多种果树生长期病害，也可用于处理采收的果实防治贮藏期病害。在苹果生产中常用于防治苹果斑点落叶病、炭疽病、黑星病等，斑点落叶病一般在春梢生长期零星发病时就应开始喷药，10～15 d 后喷第 2 次，秋梢旺盛生长期再喷 1～2 次，每次用 50% 异菌脲悬浮剂 1 000 倍液。当病叶率超过 5% 后，则应选择 30% 吡唑·异菌脲悬浮剂 2 500～3 000 倍液，或 20% 戊唑·异菌脲悬浮剂 1 000 倍液等喷雾进行治疗。

注意事项：不能与碱性农药混用。全年使用不超过 3 次。

32. 噁霉灵 Hymexazol

理化性质及特点：纯品为白色至红色结晶粉末，一种内吸性杀菌剂和土壤消毒剂，种子清毒剂，对各种土传病害有特效。噁霉灵施入土壤后被土壤吸收并与土壤中的铁、铝等无机金属盐离子结合，有效抑制孢子的萌发和病原真菌菌丝体的正常生长或直接杀灭病菌。噁霉灵能被植物的根吸收及在根系内移动，产生生理活性物质，能促进植株生长，根的分蘖，根毛的增加，提高根的活性，抵抗苗期各种生理病害及除草剂药害。恶霉灵对土壤真菌、苗腐菌、腐霉菌、镰刀菌、伏革菌、丝核菌、猝倒病菌防治效果尤佳。低毒，对人、畜、鱼、鸟类安全。恶霉灵可叶面喷雾，也可灌根，或做土壤处理与苗床消毒，其产品形式既有可溶性粉剂、水剂，也有颗粒剂、种衣剂。既有单剂，也有与甲基硫菌灵、咯菌腈、福美双、甲霜灵等制成的复配制剂。

防治对象及使用方法：广泛适用于粮食作物、棉花、甜菜、烟草、蔬菜、苗木、果树、瓜类、草坪、花卉等作物。恶霉灵用于防治苹果病害，主要是作为土壤消毒剂，处理连作重茬，克服再植障碍，一般每 $667\,m^2$ 用 0.1% 恶霉灵颗粒剂 3 kg 撒施土壤表面，旋耕机旋耕均匀。恶霉灵还用于防治苹果根部病害，在 4 月下旬，扒开病树树盘土壤，剪掉病根后用 98% 恶霉灵可溶性粉剂 2 000 倍液灌根，每个成龄树用 25 kg 药液。

33. 百菌清 Chlorothalonil

理化性质及特点：纯品为白色无味粉末，芳烃类保护性广谱杀菌剂。能与真菌细胞中的三磷酸甘油醛脱氢酶发生作用，使该酶失活，使真菌细胞的新陈代谢受到破坏而失去生命力。对人畜低毒，对鱼、蜜蜂毒性大。在植物体表上有良好的黏着性，不易被雨水冲刷掉，因此药效期较长。百菌清缺乏内吸传导作用，只能在作物表面发挥作用，不会被作物从施药部位或者根系所吸收，也无法进入植物体内，所以只能在发病前使用，一旦发病，只能改换其他药剂或采用其复配制剂。目前与百菌清复配的药剂有多抗霉素、戊唑醇、嘧菌酯、苯醚甲环唑、烯酰吗啉、代森锰锌等。百菌清烟剂在生产中应用非常广泛，常用于保护地植物多种病害的防治。

防治对象及使用方法：主要用于果树、蔬菜、瓜类、茶叶等植物上的炭疽病、白粉病、灰霉病、霜霉病、早晚疫病等的防治。特别是对多菌灵产生抗药性的病害，改用百菌清防治能收到良好的效果。在苹果生产中，常于病害发生初期用 75% 百菌清可湿性粉剂 600 倍液，或用 42% 戊唑·百菌清悬浮剂 2 500 倍液喷雾预防或治疗斑点落叶病等多种病害。

注意事项：不能与碱性农药混用。苹果、梨、柿、桃等作物对百菌清比较敏感，幼果期用药容易产生药害，慎用；其他时期使用也不可随意增加浓度。黄色苹果品种尤其是金帅品种，用药后会产生锈斑。油类物质可能加重药害，在混配药液的时候不宜添加油类助剂，与乳油制剂混配的时候也要小心。

34. 二氰蒽醌 Dithianon

理化性质及特点：又名二噻农，纯品为褐色结晶，一种具有多作用位点的醌类结构杀菌剂，通过干扰细胞呼吸而抑制各种真菌酶，最后导致病原菌死亡。可防治果树、蔬菜等植物上除白粉病外的多种真菌性病害，尤其对炭疽病、轮纹病防效显著。低毒，对人畜、蜜蜂、鱼等生物安全。具有很好的保护活性的同时，也有一定的治疗活性，但在生产中使用的时期仍以病害发生前或发生初期为好，开展预防。一旦田间发病并有蔓延趋势，就应改换其他药剂或使用二氰蒽醌的复配制剂，以尽快控制病情及蔓延，防止诱发抗药性。目前，已登记的二氰蒽醌的复配制剂有 40% 二氰·吡唑酯悬浮剂、36% 啶氧菌酯·二氰蒽醌悬浮剂、40% 苯甲·二氰悬浮剂、35% 二氰·戊唑醇悬浮剂、70% 二氰·肟菌酯水分散粒剂等，可进一步发挥二氰蒽醌的防病潜力。在推荐剂量下对大多数果树安全，但对某些苹果品种有药害。

防治对象及使用方法：主要用于果树、蔬菜、瓜类和烟草等植物上多种真菌病害的防治。在苹果生产中，常于病害发生初期用 22.7% 二氰蒽醌悬浮剂 600～800 倍液防治苹果斑点落叶病、炭疽病、轮纹病、褐斑病，经过田间试验比对，其防效要较代森锰锌或多菌灵的常用剂量更高。在苹果园常用 50% 二氰蒽醌悬浮剂 500～800 倍喷雾预防苹果轮纹病、炭疽病、褐斑病，一旦病害有加重趋势，应尽快调整用药，选择 36% 啶氧菌酯·二氰蒽醌悬浮剂 1 000～1 500 倍液，或 40% 二氰·吡唑酯悬浮剂 2 000 倍液，或 35% 二氰·戊唑醇悬浮剂 1 500 倍液等。

注意事项：不能与碱性农药和矿油剂混用。二氰蒽醌对金冠等苹果品种会产生轻微的药害。

35. 咪鲜胺 Prochloraz

理化性质及特点：又名扑菌唑，纯品为橙黄色针状晶体，一种咪唑类广谱性杀菌剂，抑制麦角甾醇的生物合成，导致细胞膜不能形成，使病菌死亡，具有保护和铲除作用，对多种植物子囊菌和担子菌病害有显著防效。对人畜低毒，对鱼类、鸟类和水生生物中等毒。咪鲜胺可单用，也可与吡唑醚菌酯、戊唑醇、氟硅唑、苯醚甲环唑、多菌灵、丙森锌等不同作用机制的杀菌剂桶混或复配。

防治对象及使用方法：用于防治粮食作物、果树、蔬菜等作物上的由子囊菌和担子菌引起的多种真菌病害，特别是对黑星病和炭疽病高效。在苹果生产中，既可用于防治生长期的苹果炭疽病、苹果黑星病、炭疽叶枯病，也可以用来防治储藏期的轮纹病、炭疽病、青霉病、褐腐病等。一般在发病前或发病初期用 40% 咪鲜胺水乳剂 1 000～1 500 倍液喷雾。在苹果的整个周年生育期，咪鲜胺单用最多 2 ～ 3 次，要注意与其他药剂的轮换或使用复配制剂。复配剂 20% 硅唑·咪鲜胺水乳剂 1 000 ～ 1 500 倍液对黑星病有特效，对炭疽病、轮纹病也有很好的效果。40% 唑醚·咪鲜胺水乳剂 2 000 倍液对炭疽叶枯病、炭疽病、轮纹病有很好的防治效果。

注意事项： 不能与碱性农药混用。咪鲜胺安全间隔期为 7 d，每季作物最多施药 2 ～ 3 次。本品对鱼有毒，不可靠近鱼塘、河道或水沟使用。

36. 噻霉酮 Benzisothiazolinone

理化性质及特点： 又名菌立灭，纯品为微黄色粉末，有机杂环类噻唑啉酮杀菌剂。一种新型、广谱杀菌剂，具有保护和铲除双重作用，破坏病菌细胞核结构，干扰病菌细胞的新陈代谢，使其生理紊乱，最终导致死亡。对人畜、蜜蜂、鱼类、鸟类低毒。可同时防治多种细菌和真菌病害，对真菌中的多数卵菌、子囊菌、担子菌有较好的防治效果。噻霉酮产品有种衣剂、涂抹剂、悬浮剂、水分散粒剂和可湿性粉剂等多种剂型，可分别应用于种子处理、伤口保护和全株防护治病。也能与烯酰吗啉、咯菌腈、戊唑醇、苯醚甲环唑、春雷霉素等多种杀菌剂复配。

防治对象及使用方法： 主要用于防治粮食作物、果树、蔬菜等植物上的多种真菌和细菌病害。噻霉酮不伤花果，可放心应用于苹果、柑橘等果树花期病害的防治。一般地，可分别在苹果树花序分离期、开花期和花后应用 1.5% 噻霉酮水乳剂 600 ～ 800 倍液来防治苹果霉心病。也可用 1.5% 噻霉酮水乳剂 600 ～ 800 倍液，或 12% 苯醚·噻霉酮水乳剂 2 500 倍液防治炭疽病、黑星病、斑点落叶病等。

注意事项：不能与碱性农药混用。与其他作用机制不同的杀菌剂轮换使用。

37. 三乙膦酸铝 Fosetyl-aluminium

理化性质及特点：又名乙磷铝，纯品为白色结晶，高效、低毒、广谱内吸性有机膦杀菌剂，能够抑制病原真菌孢子的萌发或阻止菌丝体生长，能够迅速地被植物的根、叶吸收，在植物体可双向传导。对人畜无毒，对鱼、蜜蜂、家蚕低毒。其产品形态有可湿性粉剂、可溶性粉剂和水分散粒剂，可用于喷洒、灌根、浸种或拌种。本剂对较低等真菌卵菌中的霜霉菌和疫霉菌防治效果好。乙磷铝单剂主要用于由霜霉菌和疫霉菌引起的蔬菜病害防治，生产中应用复配制剂的机会更多，其复配制剂主要有乙铝·氟吡胺、乙铝·代森锌、烯酰·乙磷铝、乙铝·锰锌、丙森·磷酸铝、乙铝·多菌灵等。

防治对象及使用方法：用于防治蔬菜、果树、花卉、经济作物上的真菌病害。乙磷铝的内吸传导作用强，有保护和治疗作用。在苹果生产中，乙磷铝是以复配制剂的形式用于防治苹果轮纹病、斑点落叶病、炭疽病等，在发病初期，应用50%乙铝·多菌灵可湿性粉剂500倍液，或50%乙铝·锰锌可湿性粉剂500倍液树上喷雾。

注意事项：不能与强酸、强碱性药剂混用。不能与含铜制剂的农药混用。

38. 溴菌腈 Bromothalonil

理化性质及特点：纯品外观为白色或淡黄色晶体粉末，一种广谱、高效、低毒的保护、内吸治疗铲除性杀菌剂，能够抑制病原菌氨基酸代谢酯酶系统，破坏病原菌蛋白质生物合成，对多种真菌、细菌引起的病害有较好的防治效果，对藻类的生长也有抑制作用，对各类作物炭疽病有特效。对人畜、鱼类低毒，对生态环境安全。溴菌腈登记的产品形式有微乳剂、可湿性粉剂，可做叶面喷雾、种子处理和土壤灌根，溴菌腈能与多种不同机制的杀菌剂进行桶混或复配，常见的复配剂有啶氧菌酯·溴菌腈、春雷·溴菌腈、吡唑醚菌酯·溴菌腈、苯甲·溴菌腈、溴菌·戊唑醇、溴菌·咪鲜胺等，由此拓宽了杀菌谱，提高了防效，避免或延缓了抗药性。

防治对象及使用方法：用来防治各种果树、蔬菜、烟草、中药材等植物的炭疽病、黑星病、白粉病、锈病、青枯病、角斑病等多种真菌性、细菌性病害。溴菌腈是一种高效、低毒、广谱杀菌剂，是目前国内杀菌剂中防治各类作物炭疽病的特效药剂。苹果生产中常用 25% 溴菌腈可湿性粉剂 1 000 倍液来防治苹果炭疽病，更多时候则是选择 32% 苯甲·溴菌腈可湿性粉剂 1 000 ～ 1 500 倍液，或 35% 溴菌·戊唑醇乳油 1 000 倍液，或 75% 克菌·溴菌腈可湿性粉剂 1 000 ～ 1 500 倍液，兼治苹果轮纹病。

注意事项：本品不能与碱性农药等物质混用。生产中注意交替用药。

39. 辛菌胺醋酸盐 Octyminamide acetate

理化性质及特点：本品是一种烷基多胺类杀菌剂，广谱，具有内吸性和极强的渗透性，具有向上、向下双向输导作用，具有保护、治疗、铲除、调养四大功能。在水溶液中能产生电离，其亲水基部分含有强烈的正电性，吸附通常呈负电的各类细菌、真菌和病毒，从而抑制了病菌的繁殖，凝固病菌蛋白质，使病菌酶系统变性，对病菌的菌丝生长、孢子萌发具有很强的抑制和杀灭作用，可破坏病菌的细胞膜，抑制呼吸系统。低毒，对担子菌、卵菌、子囊菌等真菌、细菌、病毒的杀灭率均在98%以上，具有极好的预防、治疗、铲除效果，长期使用不产生抗性。辛菌胺醋酸盐产品的主要形式为水剂或可湿性粉剂，除此之外，其主要与霜霉威盐酸盐、盐酸吗啉胍复配，以增强对霜霉病和病毒病的防治效果。

防治对象及使用方法：对担子菌、卵菌、子囊菌等类真菌、细菌、病毒具有极好的预防、治疗、铲除效果，长期使用不产生抗性。目前在苹果生产中，辛菌胺醋酸盐主要用于防治苹果树腐烂病、轮纹病、霉心病、斑点落叶病、白粉病、锈病、黑点病和花叶病毒病。苹果生产中常用1.8%辛菌胺醋酸盐水剂50倍液涂抹病斑防治苹果腐烂病和枝干轮纹病；用1.8%辛菌胺醋酸盐水剂300倍液防治其他真菌病害和细菌及病毒病害。

注意事项：本品不能与碱性农药等物质混用。在气温较低时，瓶内有晶体析出，不影响药效，待温度升高后即可消失。

40. 甲基硫菌灵 Thiophanate-methyl

理化性质及特点：又名甲基托布津，纯品为无色棱状结晶，一种广谱内吸性苯丙咪唑类杀菌剂，具有预防、内吸和治疗作用。对人畜、蜜蜂、鱼类和鸟类低毒。主要是对病原真菌体内甾醇的脱甲基化进行抑制，进而使生物膜的形成受到阻碍，从而导致病菌的死亡。对禾谷类植物、蔬菜类、果树上的多种真菌病害有较好的防治作用。甲基硫菌灵有可湿性粉剂、悬浮剂、糊剂、水分散粒剂多种剂型，可叶面喷雾、拌种、浸种、灌根等。甲基硫菌灵混用性和复配性好，可与多种保护性或内吸性杀菌剂搭配，既实现了对病原菌抗药性的阻尼与延缓，又加强了防效，拓宽了防治对象与应用范围，使这一优秀的杀菌剂，又焕发出新的活力。目前甲基硫菌灵常见的复配制剂有唑醚·甲硫灵、氟菌唑·甲基硫菌灵、甲硫·噻唑锌、甲硫·戊唑醇、苯醚·甲硫、甲硫·三环唑、甲硫·异菌脲、甲硫·丙森锌、咪鲜·甲硫灵、甲硫·氟环唑、甲硫·乙嘧酚、甲硫·噁霉灵、甲硫·腈菌唑等。甲基硫菌灵作为一款优秀的杀菌剂，自1970年问世以来，在多种作物上被频繁使用，致使该药具有高抗性风险，目前苹果腐烂病菌等多种病菌已对甲基硫菌灵产生了抗性。因此必须加强对该药的抗性水平风险管理，在田间实行轮换用药，重点推广使用复配制剂。

防治对象及使用方法：三唑类内吸性杀菌剂，适应于防治粮食作物、果树、蔬菜植物上的多种真菌病害。在苹果生产中，主要用于防治苹果腐烂病、轮纹病、炭疽病、霉心病、斑点落叶病等真菌病害，在发病初期，用70%甲基硫菌灵可湿性粉剂800～1 000倍液喷雾。由于甲基硫菌灵混配性良好，致使演化出了多种不同结构类型的复配杀菌剂，功能涵盖防治细菌和真菌两个领域的所有病害。因此生产中应尽量避免使用甲基硫菌灵单剂，而改用复配制剂，以维护该药的使用寿命。

注意事项：本品不能与碱性农药及无机铜制剂等物质混用。甲基硫菌灵与苯并咪唑类杀菌剂有交互抗性，应注意避免与苯并咪唑类杀菌剂连用。

41. 多菌灵 Carbendazim

理化性质及特点：又名棉萎灵，纯品为白色结晶固体，广谱苯并咪唑类杀菌剂，有内吸治疗和保护作用。干扰病原菌有丝分裂中纺锤体的形成，从而影响细胞分裂。对人、畜、鱼类、蜜蜂低毒。对子囊菌、担子菌和无性型真菌中多种病原菌具有活性，自 1973 年问世以来，在多种作物上被反复使用，取得了显著的防治效果，以致现如今小麦赤霉病菌、苹果褐斑病菌、苹果轮纹病菌、苹果炭疽病菌等都不同程度地对多菌灵表现出抗药性。目前，在果园病害防治过程中，单用多菌灵时难以起到应有的作用，只能换用其他药剂或选择多菌灵的复配制剂。如：咪铜·多菌灵、戊唑·多菌灵、硅唑·多菌灵、多·锰锌、苯甲·多菌灵、丙森·多菌灵、丙唑·多菌灵、乙铝·多菌灵等。

防治对象及使用方法：高效、低毒、内吸性杀菌剂，应用于果树、蔬菜、花卉及大田农作物病害的防治。在苹果生产中，一般选择多菌灵复配制剂防治苹果轮纹病、炭疽病和根腐病，如 55% 硅唑·多菌灵可湿性粉剂 800 ～ 1 200 倍液，或 75% 克菌·多菌灵可湿性粉剂 1 000 ～ 1 500 倍液，或 35% 丙唑·多菌灵悬乳剂 600 ～ 700 倍液，或 40% 苯甲·多菌灵悬浮剂 1 500 倍液。对于苹果根腐病，多使用 50% 多菌灵悬浮剂 300 倍液，或 35% 丙唑·多菌灵悬乳剂 500 倍液灌根。

注意事项：本品不能与碱性农药和铜制剂混用。多菌灵已对苹果褐斑病菌等产生了抗药性，应用过程中应注意与其他杀菌剂交替使用。

42. 三唑酮 Triadimefon

理化性质及特点：又名粉锈宁，纯品为无色固体，三唑类内吸性杀菌剂，抑制菌体麦角甾醇的生物合成，抑制或干扰菌体附着孢及吸器的发育，抑制病原真菌菌丝的生长和孢子的形成。对人畜低毒，对鱼类中等毒性，对蜜蜂和鸟类无害。三唑酮是一种高效、低毒、低残留、持效期长、内吸性强的三唑类杀菌剂，药剂被植物的各部分吸收后，能在植物体内传导，对子囊菌、担子菌表现出极强的预防、铲除、治疗效果。三唑酮有多种施用方式，可以茎叶喷雾、处理种子，也可以处理土壤。也可与多种不同机制的杀菌剂、杀虫剂复配，作为种衣剂或拌种剂或土壤处理剂，来防治作物苗期的病害或地下害虫，常见的如8.1%克·戊·三唑酮悬浮种衣剂、20%辛硫·三唑酮乳油、10%甲柳·三唑酮乳油等。

防治对象及使用方法：三唑酮对粮食作物、果树、瓜类、花卉植物上发生的锈病、白粉病和黑穗病具有特效。在苹果生产中，常选择叶片初展开时，用25%三唑酮可湿性粉剂1 500倍液进行喷雾防治苹果锈病和白粉病。

注意事项：本品不能与碱性农药混用。生产中，最好与其他杀菌机制的杀菌剂搭配混用，产生增效结果。每季最多使用3次。

43. 烯唑醇 Diniconazole

理化性质及特点：又名速保利，纯品为无色结晶固体，为三唑类广谱性杀菌剂，具有保护、内吸治疗及铲除作用的杀菌剂，在真菌的麦角甾醇生物合成中抑制14α-脱甲基化作用，破坏真菌的细胞膜，导致真菌死亡。对人畜、有益昆虫和环境安全，对鱼类、鸟类毒性中等。对子囊菌、担子菌引起的多种植物病害有很好的防治效果。烯唑醇既可以茎叶喷雾，又能拌种处理种子，防治禾谷作物苗期病害；既可以单用，也可以与其他杀菌剂复配或混用，常见的复配制剂有锰锌·烯唑醇、烯唑·多菌灵、烯唑·甲硫灵、井冈·烯唑醇等。使用最多的属烯唑·多菌灵，主要用于防治小麦白粉病。

防治对象及使用方法：既有保护、治疗、铲除作用，又有广谱、内吸、顶向传导抗真菌活性。对子囊菌、担子菌病害，如锈病、白粉病、黑星病和尾孢病害有良好的防治效果。苹果生产中常选择12.5%烯唑醇可湿性粉剂1 500～2 500倍液于发病初期开始喷雾，防治苹果白粉病、锈病和黑星病等，在使用过程中不要随意加大用药量，要注意药剂轮换，在整个生长季节，要严格控制使用次数，最多不能超过3次。

注意事项：本品不能与碱性农药混用。每季最多使用3次。

44. 苯醚甲环唑 Difenoconazole

理化性质及特点： 又名恶醚唑，纯品为无色结晶固体，三唑类内吸性杀菌剂，是甾醇脱甲基化抑制剂，抑制真菌羊毛甾醇14α-去甲基化酶的活性和麦角甾醇的生物合成，抑制细胞膜形成并破坏细胞膜结构完整性，具有高效、广谱、低毒、用量低的特点，是三唑类杀菌剂的优良品种。对人畜、蜜蜂低毒，对天敌安全，但对鱼类有毒。主要用于果树、蔬菜、小麦、马铃薯、豆类、瓜类等作物，对蔬菜和瓜果等多种真菌性病害具有很好的保护和治疗作用。苯醚甲环唑性质稳定，可加工性强，其制剂几乎遍及所有剂型，产品有乳油、可湿性粉剂、水乳剂、微乳剂、悬浮剂、悬乳剂、悬浮种衣剂和水分散粒剂。苯醚甲环唑可加工性良好，能制成多种复配制剂，目前登记的各类制剂达100多个，与本剂比较，复配剂杀菌谱更宽，药效更强更快，不易出现抗药性。

防治对象及使用方法： 苯醚甲环唑是安全性比较高的三唑类杀菌剂，对子囊菌、担子菌和无性型真菌引起的病害有持久的保护作用和良好的治疗效果。苯醚甲环唑对苹果斑点落叶病、锈病、白粉病、黑星病等有非常好的防治效果，在发病初期常用10%苯醚甲环唑水分散粒剂1 500～2 000倍液喷雾，而且由于它的高安全性，成为苹果套袋前幼果期可使用的杀菌剂品种。进一步地用药，要注意药剂轮换，应再选择其他类型杀菌剂或苯醚甲环唑的复配制剂，如50%苯甲·克菌丹水分散粒剂2 000倍液，或40%苯甲·肟菌酯水分散粒剂4 000倍液，或30%苯甲·吡唑酯悬浮剂2 500倍液，或32%苯甲·溴菌腈可湿性粉剂1 500倍液，或45%苯甲·代森联水分散粒剂1 000倍液，或30%苯甲·丙环唑水乳剂2 000倍液等。

　　注意事项：本品不能与碱性农药混用。不宜与铜制剂混用。每季最多使用3次。温度高于28℃时，会降低苯醚甲环唑使用效果。

45. 戊唑醇 Tebuconazole

　　理化性质及特点：纯品为无色结晶体，三唑类广谱性杀菌剂，麦角甾醇生物合成抑制剂，有极强内吸性和上下传导性，具有优良的生物活性。对人畜、蜜蜂低毒，对鱼中等毒性。戊唑醇主要用作种子处理和叶面喷洒，是一种高效、广谱、内吸性三唑类杀菌剂，具有保护、治疗、铲除三大功能，持效期长。广泛应用于担子菌、子囊菌和无性型真菌引起的多种病害，特别是对多种作物的锈病、白粉病、褐斑病、炭疽病、轮纹病、根腐病、赤霉病、黑穗病有很好的防治效果。戊唑醇也有很好的混配性，已登记注册的戊唑醇复配制剂产品有多个，如戊唑·醚菌酯、戊唑·丙森锌、甲硫·戊唑醇、丁香·戊唑醇、唑醚·戊唑醇、溴菌·戊唑醇、克菌·戊唑醇、肟菌·戊唑醇、氟菌·戊唑醇、二氰·戊唑醇等。基于与不同机制杀菌剂的复配，戊唑醇在抑制抗药性、减量增效、持效性、传导性、耐雨水冲刷等方面的综合性能都得到了加强和提升。目前国内已有报道苹果轮纹病菌、禾谷丝核菌等在局部地区已对戊唑醇产生了抗药性，因此开展戊唑醇的混用与轮换非常必要与迫切。

防治对象及使用方法： 主要用于防治小麦、水稻、花生、蔬菜、苹果、梨以及玉米、高粱等作物上的多种真菌病害。戊唑醇对苹果褐斑病有很好的防治效果，常在病害发生初期用 430 g/L 戊唑醇悬浮剂 3 000 倍液喷雾，兼治斑点落叶病、轮纹病、炭疽病等，也可选择 60% 唑醚·戊唑醇水分散粒剂 4 000 倍液，或 70% 肟菌·戊唑醇水分散粒剂 4 000 倍液，或 80% 克菌·戊唑醇水分散粒剂 2 000 倍液等，或进行交替轮换。

注意事项： 本品不能与碱性农药和铜制剂混用。在苹果幼果期慎用，或注意使用浓度，以免造成药害。本品对鱼类等水生生物危险，施药时应远离水产养殖区施药，禁止在河塘等水体中清洗施药器具。每季最多使用 3 次。

46. 己唑醇 Hexaconazole

理化性质及特点： 纯品为金白色结晶性粉末，三唑类内吸性杀菌剂，甾醇脱甲基化抑制剂，对真菌尤其是担子菌和子囊菌引起的病害有广谱性的保护和治疗作用，破坏和阻止病原菌细胞膜组分麦角甾醇的生物合成，导致病菌死亡。对人畜、蜜蜂低毒，对鱼类中等毒性。对多种作物的白粉病、锈病、黑星病、褐斑病、炭疽病等有优异的保护和铲除作用，对水稻纹枯病有特效。己唑醇在国内登记的主要剂型为水分散粒剂、悬浮剂、乳油、微乳剂，其中高含量的己唑醇主要市场方向集中在果蔬作物上，低含量的己唑醇主要集中在大田作物，最常见的施药方式为兑水喷雾。与其他常见三唑类杀菌剂相比，己唑醇对白粉病、苹果斑点落叶病和轮纹病的防治效果要优于戊唑醇、氟硅唑、腈菌唑和苯醚甲环唑。

防治对象及使用方法：具有内吸、保护和治疗活性，能有效防治子囊菌和担子菌引起的苹果白粉病、苹果锈病、苹果黑星病、苹果褐斑病和苹果炭疽病等，对卵菌纲真菌所致病害和细菌无效。在苹果生产中，常在病害发生初期用30%己唑醇悬浮剂5 000～6 000倍液喷雾，防治苹果白粉病兼治斑点落叶病、轮纹病、锈病、炭疽病等，也选择其复配制剂35%己唑·醚菌酯悬浮剂2 000～3 000倍液。

注意事项：本品不能与碱性农药混用。与其他作用机制不同的杀菌剂轮换使用，以延缓抗性产生。每季最多使用3次。

47. 腈菌唑 Myclobutanil

理化性质及特点：纯品为白色针状晶体，属三唑类杀菌剂，是麦角甾醇的生物合成抑制剂，抑制真菌（卵菌除外）孢子形成过程中细胞膜的形成，具有高效、广谱、低毒等特点，具有保护和治疗作用的内吸性杀菌剂，对子囊菌、担子菌和无性型病原真菌引起的多种病害具有良好的预防和治疗效果，适用于防治梨、苹果、坚果类、葡萄、花卉、水稻和麦类以及棉花等的黑星病、白粉病、褐斑病、叶霉病、腐烂病、锈病等。对人畜低毒，对鱼类、蜜蜂中等毒性。主要登记剂型有可湿性粉剂、乳油、水分散粒剂、水乳剂、微乳剂、悬浮剂等，可做种子处理和叶面喷洒，能够防治禾谷作物、棉花等的多种种传和土传病害以及果树类的果实、枝干及叶部病害。像其他三唑类杀菌剂一样，腈菌唑属于数量级抗性杀菌剂，病原菌对腈菌唑的抗药性与其使用剂量大小有关。因此，使用过程中要严格把控使用剂量和应用次数，以有效缓解抗药性的增加，也可避免因使用浓度过高而出现对叶片、枝梢和果实生长的抑制。腈菌唑可以和大多数其他杀菌剂复配使用，特别是和甲氧基丙烯酸酯类杀菌剂混合使用，能够优势互补，起到预防、治疗、提高植物抗逆能力和促进植物生长等多重效果。

防治对象及使用方法：腈菌唑具有强内吸性，药效高、对作物安全、持效期长的特点。对苹果的黑星病、白粉病、褐斑病、炭疽病有很好的预防和治疗效果。一般在发病初期用40%腈菌唑悬浮剂6 000～8 000倍液喷雾。为了防止抗药性，10～14 d后更换其他类型的杀菌剂或腈菌唑复配制剂，如50%锰锌·腈菌唑可湿性粉剂1 000倍液，或25%腈菌·咪鲜胺乳油1 000～1 500倍液，或45%丙森·腈菌唑水分散粒剂1 000～1 500倍液。

注意事项：本品不能与碱性农药混用。与其他作用机制不同的杀菌剂轮换使用，以延缓抗性产生。在苹果树上的安全间隔期为14 d，在整个年生长期内最多使用3次。远离水产养殖区用药，禁止在河塘等水体中清洗施药器具。

48. 丙环唑 Propiconazol

理化性质及特点：又名敌力脱，纯品为淡黄色黏稠液体，一种具有保护和治疗双重作用的广谱内吸性三唑类杀菌剂，可被根、茎、叶部吸收，并能很快地在植物株体内向上传导。影响病原菌甾醇的生物合成，破坏病原菌的细胞膜功能，最终导致病菌细胞死亡。对人畜、鱼类低毒，对蜜蜂中等毒性。对子囊菌、担子菌和无性型真菌活性高、杀菌速度快、内吸传导性强、防治效果好，而且持效期长达1个月之久。可用作种子处理、灌根和叶面喷洒。丙环唑混配性良好，能与多数不同机制杀菌剂搭配，目前已登记注册的丙环唑复配剂主要有苯甲·丙环唑、丙环·嘧菌酯、丙环·咪鲜胺、井冈·丙环唑、啶氧·丙环唑、唑醚·丙环唑等。基于丙环唑优良的防病性能，多年来在生产中被多频次地应用，已使国内局部地区发生的苹果腐烂病菌等产生了一定程度的抗药性，因此今后的防治病害过程中一定要加强药剂的轮换，或多采用丙环唑复配制剂，防止病原菌抗药性扩大。

防治对象及使用方法：主要用于防治粮食作物、蔬菜、果树等作物上的多种子囊菌、担子菌和无性型真菌引起的多种病害，在苹果生产中，常在病害发生初期用25%丙环唑乳油2 500倍液喷雾，防治苹果褐斑病、白粉病、斑点落叶病、锈病、炭疽病等。间隔10～14 d后的进一步用药应选择复配剂50%唑醚·丙环唑乳油2 000倍液，或50%丙环·咪鲜胺微乳剂1 000倍液，或50%肟菌·丙环唑微乳剂1 500倍液等。

注意事项：本品不能与碱性农药混用。与其他作用机制不同的杀菌剂轮换使用，以延缓抗性产生。丙环唑具有明显的抑制生长作用，因此在苹果幼果初期慎用。丙环唑在花期、幼果期、嫩梢期易产生药害，使用时应注意不能随意加大使用浓度，稀释倍数应达到3 000～4 000倍。

49. 氟硅唑 Flusilazole

理化性质及特点：纯品为淡棕色桔晶固体，是广谱内吸、强渗透性杀菌剂，是含氟又含硅、活性最高的三唑类杀菌剂，破坏和阻止麦角甾醇的生物合成，使细胞膜不能形成，阻止菌丝体和孢子芽管的生长。低毒，对作物安全性高，对鱼类、鸟类、蜜蜂中等毒性。对子囊菌、担子菌和无性型真菌所致病害有效，对卵菌无效，对黑星病有特效。氟硅唑混用性能好，可与大多数杀菌剂和杀虫剂混用，如唑醚·氟硅唑、硅唑·多菌灵、噁酮·氟硅唑、硅唑·嘧菌酯、硅唑·咪鲜胺、甲硫·氟硅唑、锰锌·氟硅唑等。其中硅唑·咪鲜胺对黑星病、噁酮·氟硅唑对白粉病和锈病的控制效果都更加优秀。

防治对象及使用方法：广泛用于防治多种果树、蔬菜等作物的黑星病、白粉病、叶斑病、锈病、炭疽病、黑斑病、黑痘病、蔓枯病、斑枯病、赤星病等多种病害。在苹果生长的幼果期，发生黑星病、白粉病等病害初期，可用 40% 氟硅唑乳油 6 000 ～ 8 000 倍液喷雾，或选择 20% 硅唑·咪鲜胺水乳剂 1 000 ～ 1 500 倍液喷雾，或30% 噁酮·氟硅唑乳油 3 000 倍液，都有非常好的防治效果，但根据病害的发展状况，间隔 10 ～ 14 d 后的下一次用药，最好轮换为其他类型的杀菌剂，以避免同类药剂诱发抗药性。

注意事项：本品不能与碱性农药混用。远离水产养殖区施药，禁止在河塘等水体中清洗施药器具。在幼果期使用氟硅唑，应严格控制好使用浓度和次数。

50. 氟环唑 Epoxiconazole

理化性质及特点：又名环氧菌唑，纯品为具芳香气味黄色液体，是第 6 代内吸性三唑类杀菌剂，1993 年面市。具有很好的保护、治疗和铲除活性，通过抑制病菌麦角甾醇的合成，阻碍病菌细胞壁的形成，提高几丁质酶活性，引起真菌吸器收缩，抑制病菌侵入。氟环唑内吸性强，可迅速被植株吸收并传导至感病部位，使病害侵染立即停止，而且具有较好的残留活性，局部施药就能达到彻底防治。对人、畜低毒，对鱼、蜜蜂有毒。氟环唑 2007 年在我国获得登记，主要用于禾谷作物锈病、白粉病的防治。氟环唑的防治谱相对其他三唑类杀菌剂窄，为此先后开发出一批复配制剂，如唑醚·氟环唑、氟环·咪鲜胺、氟环·嘧菌酯、噻呋·氟环唑、氟环·异菌脲、啶氧·氟环唑、氟环·咪菌酯、甲硫·氟环唑、氟菌·氟环唑、苯甲·氟环唑等，既拓宽了杀菌谱，又延缓了抗药性的发生。

防治对象及使用方法： 本剂具有很好的保护、治疗和铲除活性，而且具有内吸和较佳的残留活性。防治由担子菌、子囊菌和无性型真菌等引起的苹果锈病、苹果褐斑病、苹果斑点落叶病、苹果黑星病、苹果白粉病、苹果腐烂病等。在苹果套袋后，防治苹果褐斑病用 12.5% 氟环唑悬浮剂 3 000 倍液喷雾，或与 25% 丙环唑乳油 2 500 倍液或 430 g/L 戊唑醇悬浮剂 3 000 倍液交替使用。也可以选择 30% 唑醚·氟环唑悬浮剂 2 000 ～ 3 000 倍液，或 30% 氟环·咪鲜胺悬浮剂 2 000 倍液。

注意事项： 不能与碱性农药混用；苹果树花期和幼果期请谨慎使用；与其他不同类型杀菌剂交替使用。勿在鱼塘等地及其附近使用，禁止在河塘等水域清洗施药用具。对桑蚕有毒，严禁喷洒在桑树上。

51. 甲氧基丙烯酸酯类杀菌剂

继三唑类杀菌剂后又一类新型农用广谱杀菌剂，具有保护、治疗、铲除、渗透作用，无致癌和致突变，能有效防治子囊菌、担子菌、卵菌和无性型真菌引起的各种病害。这类杀菌剂的活性集团是甲氧基丙烯酸（酯/酰胺），作用于真菌的线粒体呼吸链中的细胞色素 bel 复合物，阻止电子传递从而抑制真菌生长。低毒，对动植物安全，对环境和地下水安全。

代表性产品有醚菌酯（Kresoxim-methyl）、嘧菌酯（Azoxystrobin）、肟菌酯（Trifloxystrobin）、吡唑醚菌酯（Pyraclostrobin）、啶氧菌酯（Picoxystrobin）等，其生物活性如表 6-2 所示。

表6-2　几种甲氧基丙烯酸酯类杀菌剂生物活性比较

特性	种类				
	醚菌酯	嘧菌酯	肟菌酯	吡唑醚菌酯	啶氧菌酯
杀菌谱	+	+++	+	++	+++
杀菌活性	+	+	+	++	+++
内吸性	+++	++++	++	+	+++++
速效性		+	+	++	++
安全性	++		++	+++	++
特效性	白粉病、黑星病	白粉病、黑星病	白粉病、黑星病、炭疽病、斑点落叶病	白粉病、黑星病、炭疽病、轮纹病、斑点落叶病	白粉病、黑星病、炭疽叶枯病、锈病、轮纹病

　　吡唑醚菌酯杀菌谱广，较醚菌酯和嘧菌酯有更强的抑菌活性，在苹果生产中，预防果实病害，常在开花前后及幼果期选用25%吡唑醚菌酯悬浮剂1 000～1 500倍液喷雾。嘧菌酯杀菌谱更广，对担子菌、子囊菌和卵菌引起的大多数病害有效，对苹果白粉病、锈病、黑星病、炭疽病等病害均有良好的活性。醚菌酯对白粉病特效，另对斑点落叶病、黑星病、锈病也有好的防治效果。肟菌酯杀菌谱和嘧菌酯相近，对多数真菌病害有良好活性，不过易产生抗药性，不宜单独使用。啶氧菌酯是目前使用效果最好的甲氧基丙烯酸酯类杀菌剂，在苹果病害防治中，常用啶氧菌酯与丙环唑搭配，来防治苹果褐斑病和炭疽叶枯病，并有很好的效果。

　　注意事项：不能与碱性农药混用。甲氧基丙烯酸酯类杀菌剂均属高等抗性风险，且彼此间具有交互抗性，长期连续使用，病原菌的抗药性会迅速上升，在每年苹果生长季节，嘧菌酯、醚菌酯、肟菌酯、啶氧菌酯或吡唑醚菌酯等甲氧基丙烯酸酯类的杀菌剂合计用药次数不应超过 3 ～ 4 次，而且最好和其他不同作用机制的杀菌剂（如三唑类等）轮换交替使用。

52. 啶酰菌胺 Boscalid

理化性质及特点： 纯品为白色晶体，一种烟酰胺类广谱、内吸性杀菌剂，为线粒体呼吸抑制剂、琥珀酸脱氢酶抑制剂（SDHI），它通过抑制线粒体电子传递链上琥珀酸辅酶 Q 还原酶（也称为复合物 II）而起作用，该杀菌剂对病原菌整个生长环节均有作用，抑制孢子萌发、芽管伸长和附着器形成，具有显著的预防效果和很好的叶内渗透性。对甾醇抑制剂、双酰亚胺类、苯并咪唑类、苯胺嘧啶类、苯基酰胺类和甲氧基丙烯酸酯类杀菌剂产生抗性的病害更为有效。对人畜、蜜蜂低毒，对鱼类中等毒性。主要用于防治果树、蔬菜、大田作物和观赏植物上的白粉病、灰霉病、菌核病、褐腐病、叶斑病和炭疽病。可茎叶喷雾，也可种子处理。啶酰菌胺混配性良好，与其配伍的杀菌剂有氟环唑、吡唑醚菌酯、醚菌酯、咯菌腈、腐霉利、肟菌酯、异菌脲等。应用复配剂，可以避免高频度大剂量使用，延缓抗药性发生。

防治对象及使用方法： 本剂具有良好的保护和内吸治疗活性，杀菌谱较广，耐雨水冲刷，持效期长，对所有类型的真菌病害都有活性，对交链孢属、葡萄孢属、疫霉属、核盘菌属、单轴霉属和黑星菌属等真菌有很好的防治效果，不易产生交互抗性。在苹果病害防治中，常在发病初期用 50% 啶酰菌胺水分散粒剂 500 ～ 1 000 倍液，来防治苹果斑点落叶病、炭疽病、黑星病和白粉病。病原菌易对本品产生抗药性，目前已有部分地区出现对灰霉病菌的抗性菌株，因此要注意与不同作用机制的药剂交替使用，或选用其复配制剂，如30% 醚菌·啶酰菌悬浮剂2 000 ~ 4 000 倍液，或56% 啶酰·肟菌酯悬浮剂2 000 ~ 3 000 倍液。

注意事项： 啶酰菌胺不能与碱性农药混用。药剂应现混现用，配好的药液要立即使用。

53. 噻呋酰胺 Thifluzamide

理化性质及特点： 又名噻氟菌胺，纯品为白色粉状固体，一种新型苯酰胺类内吸治疗性广谱杀菌剂，通过抑制病原菌三羧酸循环中琥珀酸酯脱氢酶，而导致菌体死亡。广泛应用于粮食作物、蔬菜、棉花等作物和草坪，对丝核菌属、柄锈菌属、黑粉菌属、腥黑粉菌属、伏革菌属、核腔菌属等致病真菌均有活性，尤其对担子菌纲真菌引起的禾谷作物病害如纹枯病有特效。其产品既可用于叶面喷雾，也可用于拌种处理或土壤处理。对人、畜低毒，对蜜蜂低毒，对鱼中等毒性。噻呋酰胺混配性良好，可与多种不同类型的杀菌剂、杀虫剂复配或混用，常见的有噻呋·嘧菌酯、噻虫胺·噻呋酰胺、噻虫嗪·噻呋酰胺、噻呋·戊唑醇、噻呋·咪鲜胺、噻呋·肟菌酯、噻呋·吡唑酯、噻呋·氟环唑、噻呋·己唑醇等。显示出噻呋酰胺在使用过程中有宽泛的选择性，利于其持久应用。

防治对象及使用方法： 目前噻呋酰胺的应用，还主要集中在禾谷作物上，特别是对禾谷丝核纹枯病的防治。如在水稻分蘖末期和孕穗初期用240 g/L 噻呋酰胺悬浮剂20 ~ 30 mL/667 m² 喷雾，防治水稻纹枯病。近来已有人员研究用该药防治果树的炭疽病、锈病、白绢病，结果显示在供试药剂戊唑醇、吡唑醚菌酯、噻呋酰胺、咯菌腈和氟硅唑5 种药剂中，以噻呋酰胺抑菌效果最好，其 EC_{50} 值仅有 0.0565 mg/L。

注意事项：不能与碱性农药混用。注意药剂轮换。

54. 多抗霉素 Polyoxin

理化性质及特点：又名多氧霉素，一种高效、无环境污染的安全农药，纯品为无定形结晶，对人、畜、蜜蜂、鱼类低毒，是金色链霉菌所产生的多氧嘧啶核苷酸类物质，为广谱性抗生素类杀菌剂，具有内吸传导作用。干扰病菌细胞壁几丁质的生物合成，使菌体细胞壁不能进行生物合成导致病菌死亡。病原菌的芽管和菌丝接触药剂后，局部膨大、破裂，溢出细胞内含物，导致死亡。多抗霉素对鞭毛菌、子囊菌等多种真菌均有较强的抑制作用，主要用于粮食作物、果树、蔬菜等植物防治水稻纹枯病、稻瘟病、小麦锈病、赤霉病、苹果斑点落叶病、苹果霉心病、苹果轮纹病、黄瓜霜霉病、瓜类白粉病等。该药最大的特点在于安全性极高，可以在植物的花期和幼果期使用。多抗霉素混配性良好，可与戊唑醇、苯醚甲环唑、吡唑醚菌酯、丙森锌、克菌丹、己唑醇、代森锰锌等多种类型的杀菌剂复配，经与此类药剂混配，不仅扩大了杀菌谱，还成倍提高防治病害的效果，延缓抗药性。

防治对象及使用方法：目前在国内正式登记的多抗霉素有单剂和同时含有其他杀菌剂的复配制剂，剂型涉及可湿性粉剂、水剂、悬浮剂和可溶粒剂。单剂有效成分含量有 1.5%、3%、5%、10%、16% 和 20% 6 种。其对链格孢菌、葡萄孢菌、灰霉菌等所致真菌性病害有较好的防治效果。在苹果生产中，主要用来防治苹果斑点落叶病、霉心病、花腐病和轮纹病，特别是在苹果开花期及幼果期，用 10% 的多抗霉素可湿性粉剂 1 000 ～ 1 500 倍液喷雾，可以安全有效地防治此类病害。多抗霉素与戊唑醇、苯醚甲环唑、吡唑醚菌酯、丙森锌复配后对苹果斑点落叶病有增效作用，可与其轮换使用，降低抗药性风险。

注意事项：不能与碱性或酸性农药混用。在将要发病或发病初期开始用药。苹果最后一次喷药至收获期应间隔7 d以上。

55. 中生菌素 zhongshengmycin

理化性质及特点：又名克菌康，纯品为白色粉末，原药为浅黄色粉末，易溶于水。一种广谱保护性杀菌剂，低毒，是由淡紫灰链霉菌海南变种产生的抗生素，具有触杀、渗透作用。能够抑制细菌菌体蛋白质的合成，导致菌体死亡；能使真菌丝状菌丝变形，并抑制孢子萌发，亦能直接杀死病原孢子。对细菌性病害及部分真菌性病害具有很高的活性。对农作物致病菌如菜软腐病菌、黄瓜角斑病菌、水稻白叶枯病菌、苹果轮纹病菌、小麦赤霉病菌等均具有明显的抗菌活性。对作物安全，可在花期使用。尽管中生菌素对部分细菌病害和部分真菌病害有较好的效果，但其效果不够稳定，防病范围较窄，效益较化学防治为低。因此若将其与化学杀菌剂复配，会充分发挥生物农药与化学农药两方面的优点，更有利于多种病害的防治。目前中生菌素的复配制剂有中生·丙森锌、春雷·中生、中生·寡糖素、中生·醚菌酯、中生·戊唑醇、甲硫·中生、苯甲·中生、烯酰·中生等，这些复配剂较中生菌素单剂更能有效地防治作物细菌性和真菌性病害，还能延缓病菌抗药性的发生。

防治对象及使用方法：目前在国内正式登记的中生菌素有单剂以及与其他杀菌剂混配的复配制剂，剂型涉及水剂、可溶液剂、可湿性粉剂、颗粒剂。单剂有效成分含量有0.5%、3%、5%和12% 4种。对细菌性病害和链格孢菌、刺盘孢菌等所致真菌性病害有较好

的防治效果。在苹果生产中，主要用来防治苹果轮纹病，一般用 3%
中生菌素可湿性粉剂 800 ～ 1 000 倍液喷雾。中生菌素与多抗霉素、
戊唑醇、苯醚甲环唑复配后对苹果斑点落叶病有很好的防治效果，
可选择使用 3% 多抗·中生菌可湿性粉剂 500 ～ 700 倍液，或 8% 苯
甲·中生可湿性粉剂 1 500 ～ 2 000 倍液。

注意事项：不能与碱性或酸性农药混用。预防和发病初期用
药效果显著。远离水产养殖区施药。

56. 噻唑锌 Zn thiazole

理化性质及特点：纯品为白色结晶，噻二唑类有机锌杀菌剂，
1999 年由浙江新农化工股份有限公司开发成功。具有保护和内吸治
疗作用，通过噻二唑基团和锌离子杀菌，在植物体外无杀菌作用，
但吸收进入植物体内，却有很好的杀菌作用，能使细菌的细胞解体，
导致细菌死亡。噻唑锌含有大量的锌离子，锌离子能导致病菌细胞
膜上的蛋白质凝固而杀死病菌，部分锌离子渗透进入病原菌细胞内，
与某些酶结合，影响其活性，导致机能失调，病菌因而衰竭死亡。对人、
畜低毒，对蜜蜂、家蚕低毒，对鱼中等毒性。噻唑锌可用于作物整
个生育期。在果树的嫩梢初生期、幼果期均可安全使用。噻唑锌为
一种中性药剂，可与大多数杀虫剂、杀菌剂混用，具有增效作用。
目前已登记注册的复配剂有甲硫·噻唑锌、唑醚·噻唑锌、嘧酯·噻
唑锌、戊唑·噻唑锌，主要用于防治水稻和蔬菜植物上的细菌和真
菌病害。

防治对象及使用方法：噻唑锌既能防治细菌性病害，又对多种
真菌性病害有较好的效果，使得本品的应用范围不断扩大，除用于
防治水稻病害和蔬菜病害外，目前陆续有在玉米、猕猴桃、核桃、桃、

柑橘和苹果上的应用报道。20% 噻唑锌悬浮剂 500 ～ 800 倍液，从病害未发生时喷药保护开始，每一次间隔 15 d，连续用药 6 次，最终对苹果斑点落叶病和轮纹病的防治效果较 80% 代森锰锌可湿性粉剂 800 倍液的更高，值得在多种作物上试验推广。

注意事项： 不能与强碱性物质混用。适用于多种作物花前、花后和幼果等时期，无铜制剂忌用风险，无药害之忧。

57. 嘧啶核苷类抗菌素

理化性质及特点： 嘧啶核苷类抗菌素又名农抗 120，一种广谱抗菌素类杀菌剂，具有预防保护和内吸治疗作用。原药外观为白色粉末，低毒、低残留，不污染环境。农抗 120 对多种植物病原真菌具有强烈的抑制作用，能够直接阻碍病原蛋白质的合成，导致其死亡。嘧啶核苷类抗菌素连续使用不易产生抗药性，抗雨水冲刷，在多雨季节使用，仍可保持较强的内吸药效。嘧啶核苷类抗菌素混配性良好，可以和很多化学农药混合使用，而且具有增效效果及延缓化学农药抗药性的作用，如与丙环唑、苯醚甲环唑、吡唑醚菌酯、咪鲜胺、甲霜灵、霜霉威、环酰菌胺、烯酰吗啉等复配，都已成功地运用到生产中。目前市场上见到的嘧啶核苷类抗菌素有 2% 水剂，4% 水剂，6% 水剂，8% 可湿性粉剂和 10% 可湿性粉剂。

防治对象及使用方法： 嘧啶核苷类抗菌素对多种植物病原真菌具有强烈的抑制作用，可广泛应用于苹果、梨、葡萄、瓜类、蔬菜、大田作物等多种作物，对白粉病、锈病、炭疽病、早疫病、根腐病、枯萎病、黄萎病、腐烂病等多种真菌性病害均具有很好的防治效果。嘧啶核苷类抗菌素主要用于喷雾，常在病害发生前或发生初期开始喷药，10 ～ 14 d 用药 1 次，也可用于灌根和涂抹防治病害。常用 4% 嘧啶核苷类抗菌素水剂 400 倍液防治苹果白粉病或苹果斑点落叶病；用于防治苹果、梨等果树腐烂病，刮除病斑后使用 2% 水剂 10 倍液，或 4% 水剂 20 倍液，或 10% 可湿性粉剂 50 倍液，涂抹病斑表面。

注意事项：除碱性农药外，可与一般性药剂混用。在病害发生初期开始喷药，避开烈日和阴雨天，傍晚喷施于作物叶片或果实上。

58. 春雷霉素 Kasugamycin

理化性质及特点：又名春日霉素，一种放线菌产生的抗生素，纯品为白色结晶，盐酸盐为白色针状或片状结晶。对人、畜、家禽、鱼、虾的急性毒性低，对环境安全，无残留，无污染。春雷霉素具有很强的内吸渗透性，具有保护和治疗作用，能够干扰病原菌氨基酸代谢，破坏蛋白质的生物合成，可有效防治多种细菌和真菌性病害，主要用于水稻、蔬菜、瓜类和果树等植物上。目前国内登记的春雷霉素有 2%、6% 水剂，2%、4%、6%、10% 可湿性粉剂，2% 可溶颗粒剂，20% 水分散粒剂。春雷霉素属于酸性药剂，可与喹啉铜、王铜、三唑类及其他抗生素混配或混用，实践证明其增效作用明显。

防治对象及使用方法：春雷霉素低毒、低残留，适合生产蔬菜、水果等绿色食品。主要用于瓜类、蔬菜的细菌性角斑病、早疫病、叶霉病、炭疽病防治以及水稻稻瘟病防治，常在病害发病初期使用，隔 7 ～ 10 d 喷施 1 次，使用浓度为 2% 春雷霉素水剂 400 ～ 750 倍液。在果树病害防治方面，主要用于柑橘溃疡病、葡萄白腐病和葡萄炭疽病防治，常用浓度为 4% 春雷霉素可湿性粉剂 500 倍液。近年来在春雷霉素用于苹果病害防治方面已有不少探索，发现春雷霉素对苹果褐斑病、苹果腐烂病、霉心病都有较好的效果，特别是其部分复配制剂产品更有优异的表现，不但大幅度提高了防治效果，还延缓了抗药性，保障了果品安全。

注意事项：不能与强碱性物质混用；提倡与其他作用机制不同的杀菌剂轮换使用；使用本剂应现配现用；大豆、杉树、藕对本品敏感，慎用。

59. 寡雄腐霉菌 *Pythium oligadrum*

理化性质及特点：寡雄腐霉是一种寄生真菌，分类隶属卵菌纲、霜霉科、腐霉属，在自然界普遍存在于土壤中。它寄生能力强，能在多种农作物根际定殖，能抑制或杀死多种致病真菌和土传病原菌，诱导植物产生防卫反应，阻止病原菌的入侵。同时寡雄腐霉产生的分泌物及各种酶，能很好地促进植物生长发育，提高养分吸收。寡雄腐霉对鱼、蜜蜂低毒，对多种环境生物安全。作为农药使用的为寡雄腐霉的孢子粉制成的可湿性粉剂，外观为白色粉末，pH值5.5～6.5，内含孢子500万/g。寡雄腐霉是微生物制剂，无污染、无公害、无残留，对人畜无毒副作用，在地下水、溪流等自然环境保护区域也可以放心使用。寡雄腐霉产品于2013年已由捷克生物制剂股份有限公司在我国登记注册，用于防治苹果树腐烂病、番茄晚疫病、水稻立枯病和烟草黑胫病。产品登记形式为孢子粉制成的可湿性粉剂，可用作拌种、浸种、灌根、喷雾、涂抹等。

防治对象及使用方法：寡雄腐霉菌具有广谱、高效、抗病、促长、增产、环保的特点，可以有效防治由子囊菌、担子菌、卵菌中的疫霉属、灰霉菌属、轮枝菌属、镰刀菌、盘核霉、丝核菌属、链格孢属、腐霉属、葡萄孢霉等引起的真菌病害。寡雄腐霉菌孢子粉作灌根用为其10 000

倍液，连用 2 ～ 3 次，每次间隔 7 d，可预防立枯病、炭疽病、枯萎病等苗期病害；喷雾常用在花期，为寡雄腐霉 7 500 ～ 10 000 倍液，可预防白粉病、灰霉病等；涂抹，则用寡雄腐霉 500 ～ 1 000 倍液涂刷枝干，可预防苹果树腐烂病。

注意事项：寡雄腐霉菌剂是活性真菌孢子，不能和化学杀菌剂类产品混合使用，可与氨基酸肥、腐殖酸肥和其他有机肥以及杀虫剂混合使用。

60. 枯草芽孢杆菌 *Bacillus subtilis*

理化性质及特点：枯草芽孢杆菌是芽孢杆菌属的一种好气性细菌，为革兰氏阳性菌，隶属厚壁菌门、芽孢杆菌纲、芽孢杆菌科、芽孢杆菌属，普遍存在于土壤及植物体表。枯草芽孢杆菌在菌体生长过程中能产生枯草菌素、多黏菌素、短杆菌肽等多种活性物质，这些活性物质对致病菌有明显的抑制作用。枯草芽孢杆菌对人畜无毒无害、不污染环境、对作物安全。枯草芽孢杆菌母药为灰白色或棕褐色粉状物，pH 值 5.0 ～ 8.0。目前已加工成可湿性粉剂、水剂、水乳剂和微囊粒剂等剂型制剂，含有效活菌数 1 亿～ 2 000 亿 CFU/g，用于果树、蔬菜、瓜类、烟草、花卉、粮食作物上多种细菌和真菌病害的防治。

防治对象及使用方法：具有广谱抗菌活性，可以有效防治由子囊菌、担子菌、卵菌引起的白粉病、轮纹病、炭疽病、灰霉病、枯萎病、根腐病等多种真菌病害以及细菌性软腐病和青枯病。可沟施、穴施、灌根、浸种、冲施、喷施。枯草芽孢杆菌可以很好地防治苹果白粉病、轮纹病、炭疽病等，一般应在发病前或发病初期，用 1 000 亿 CFU/g 的可湿性粉剂 40 ～ 50 g 兑水或 1 000 ～ 1 250 倍液喷洒叶片或果面，连续用药 2 次，间隔 7 ～ 10 d。枯草芽孢杆菌可与咪鲜胺、三环唑、井冈霉素等混用，对病害防治有明显的增效作用。

注意事项：不能与铜制剂、链霉素等杀菌剂及碱性农药混用；施药时要避开早上 10 点后或下午 4 点前，避免阳光直射杀死芽孢。特别是下午 4 点后用药，利用夜间潮湿的环境，更有利于芽孢萌发。

61. 氨基寡糖素 Oligosaccharins

理化性质及特点：氨基寡糖素原药为淡黄色或类白色的粉末，pH 值 3.0～6.0，是一种植物诱抗剂，是 D- 氨基葡萄糖以 β-1.4 糖苷键连接的低聚糖，由几丁质降解得壳聚糖后再降解制得，或由微生物发酵提取的低毒杀菌剂，它影响真菌孢子萌发，诱发菌丝形态发生变异，诱发孢内发生生化改变，还能激发植物体内基因，产生具有抗病作用的几丁酶、葡聚糖酶、植保素及 PR 蛋白等，能活化细胞，促使受害植株恢复，刺激寄主植物根系发育，增强作物的抗逆性，促进植物生长发育。对真菌、细菌、病毒均具有极强的防治和铲除作用，而且还具有营养、调节、解毒、抗菌的功效。其应用剂型有水剂、可湿性粉剂、悬浮剂，有效成分含量有 0.5%、1%、2%、5%。氨基寡糖素适配性和可加工性强，原药显酸性，可与戊唑醇、氟硅唑、吡唑醚菌酯、烯酰吗啉、嘧霉胺等多种杀菌剂复配或混用，以增强防治效果。

防治对象及使用方法：氨基寡糖素是具有杀毒、杀细菌、杀真菌作用的广谱性低毒农药，使用方法主要是兑水喷雾。可广泛用于防治果树、蔬菜、地下根茎、烟草、中药材及粮棉作物的病毒、细菌、真菌引起的花叶病、小叶病、斑点病、炭疽病、霜霉病、疫病、蔓枯病、黄矮病、稻瘟病、青枯病、软腐病等病害。在果树生产中，常用 5%

氨基寡糖素水剂500～1 000倍液，防治苹果、梨、枣树等的花叶病、锈果病、炭疽病、锈病、斑点落叶病、黑星病、枣疯病、黑斑病等，一般应连喷2～3次，每次间隔10～15 d。

注意事项：不能与碱性药剂混用；宜与其他保护性杀菌剂混用，以增强防治效果。

第七章

苹果主要病虫害绿色精准防治技术规程

1 范围

本标准规定了陕西果区苹果主要病虫害的防治原则和防治方法。本标准适用于陕西乔、矮砧苹果种植基地主要病虫害的防治。

2 规范性引用文件

下列文件对于本文件的应用是必不可少的。凡是注日期的引用文件，仅所注日期的版本适用于本文件。凡是不注日期的引用文件，其最新版本（包括所有的修改单）适用于本文件。

GB 2763—2019 食品安全国家标准 食品中农药最大残留限量

NY/T 1276—2007 农药安全使用规范 总则

NY/T 393—2013 绿色食品 农药使用准则

DB 61/T 1047.4—2016 矮砧苹果技术标准综合体

3 苹果主要病虫害

3.1 主要病害

包括苹果树腐烂病、苹果轮纹病、苹果白粉病、苹果褐斑病、苹果斑点落叶病、苹果霉心病、苹果锈病、苹果炭疽叶枯病、苹果花叶病、苹果根腐病等。

3.2 主要虫害

包括金纹细蛾、绣线菊蚜、山楂叶螨、苹小卷叶蛾、梨小食心虫、桃小食心虫、金龟子、天牛等。

4 防治技术

4.1 防治苹果病虫害应遵循的原则

从果园整个生态系统出发，借鉴生物群落自然平衡的原理，既要考虑当前的防治效果，还要注意对环境、果树、整个果园生态系统的长远影响。坚持预防为主的指导思想和安全、有效、经济、简便的原则，因地因时，合理运用农业、生物、物理、化学的方法，以及其他有效的生态手段，把病虫害控制在经济允许水平以下。

4.2 防治方法

4.2.1 农业防治

在苹果生长发育过程中，通过改进栽培方式或采取多种农业综合技术措施，来调节有害生物、果树和环境条件之间的关系，调整和改善苹果树的生长环境，创造有利于苹果树生长发育而不利于病原菌与害虫繁殖生存的条件，减少病原菌的初侵染源和害虫的虫口，抑制病虫害的发展速度，从而减轻病害的发生。

4.2.2 物理防治

利用光、热、射线等物理因子、人工或器械等措施来诱杀、捕杀、阻隔苹果有害生物发生的方法。

4.2.3 生物防治

利用有益生物活体来防治苹果有害生物的方法。

4.2.4 化学防治

利用化学药剂防治苹果有害生物的方法。防治苹果病虫害应选择高效、低毒、低残留及对环境安全的登记注册药剂，采用恰当的施用方法，适时、适量使用，并注意及时轮换用药及交替、合理混用农药。使用的农药种类要符合 NY/T 393—2013 要求。

4.3 绿色苹果中农药残留限量

在防治病虫害过程中所使用的农药，其残留量要符合 GB 2673 中的要求。

4.4 苹果病虫害绿色精准防控技术

4.4.1 苹果树休眠期（1～2 月）

防治对象：苹果腐烂病、苹果轮纹病、苹果褐斑病、苹果斑点落叶病、苹果炭疽叶枯病、苹果炭疽病、金纹细蛾、卷叶蛾类、梨小食心虫、苹果绵蚜、介壳虫、山楂红蜘蛛。

防治技术：

（1）清扫落叶，剪除病虫枝，摘除病虫果。剪锯口等伤口选择 25% 丙环唑乳油 500 倍液，或 40% 氟硅唑乳油 2 000 倍液，或 45% 代森铵水剂 100 倍液涂抹。

（2）刮除主干老翘皮，刮除腐烂病疤、轮纹病瘤，用药剂涂抹伤口。

（3）清除剪锯口等处越冬的苹果绵蚜，再用混有48%毒死蜱乳油500倍液的泥浆涂抹该越冬部位。

4.4.2 萌芽期（3月）

防治对象：苹果腐烂病、苹果轮纹病、苹果褐斑病、苹果斑点落叶病、苹果炭疽叶枯病、苹果炭疽病、金纹细蛾、卷叶蛾类、梨小食心虫、苹果绵蚜、介壳虫、山楂红蜘蛛。

防治技术：

（1）刮除新生腐烂病疤，伤口涂抹药剂。

（2）萌芽前清园，用25%丙环唑乳油800倍液（或40%氟硅唑乳油3 000倍液）+48%毒死蜱乳油800倍液树上喷药。

（3）萌芽前树盘下覆膜或地布，封堵后期化蛹出土的金纹细蛾成虫和桃小食心虫成虫。

4.4.3 苹果现蕾期至苹果落花期（4月）

防治对象：苹果锈病、苹果霉心病、苹果白粉病、金龟子、黄蚜、卷叶蛾、梨小食心虫。

防治技术：

（1）现蕾展叶期树上喷药，防治苹果金龟子、苹果霉心病、苹果白粉病及苹果锈病，选择混用2%噻虫啉微囊悬浮剂1 000倍液和10%苯醚甲环唑水分散粒剂2 000倍液。

（2）花期树上喷药，混用70%丙森锌可湿性粉剂800倍液和10%多抗霉素可湿性粉剂800倍液，防治苹果锈病、苹果霉心病。

（3）4月底，树上悬挂性诱芯，诱杀苹小卷叶蛾和梨小食心虫，诱芯各5枚/667 m^2。

（4）落花后药剂防治苹果锈病、苹果白粉病、苹果霉心病及苹果黄蚜、卷叶蛾、梨小食心虫，混用15%三唑酮可湿性粉剂1 000

倍液和 50% 吡蚜酮水分散粉剂 3 000 倍液树上喷雾。

4.4.4 苹果幼果期（5 月）

防治对象：苹果锈病、苹果白粉病、轮纹病、炭疽病、炭疽叶枯病、苦痘病、黄蚜、卷叶蛾、梨小食心虫、金纹细蛾。

防治技术：

（1）5 月上旬根据田间病虫害发生状况，可选择 25% 吡唑醚菌酯悬浮剂 1 000 ～ 1 500 倍液，或 40% 腈菌唑悬浮剂 6 000 ～ 8 000 倍液，或 30% 己唑醇悬浮剂 5 000 ～ 6 000 倍液，或 50% 锰锌·腈菌唑可湿性粉剂 1 000 倍液，或 30% 苯甲·吡唑酯悬浮剂 2 500 倍液喷雾；杀虫剂可根据田间害虫的发生状况，选择 240 g/L 螺虫乙酯悬浮剂 3 000 ～ 4 000 倍液混用，或 1.8% 阿维菌素乳油 5000 倍液混用。

（2）果实临套袋，混用 70% 丙森锌可湿性粉剂 800 倍液、450g/L 咪鲜胺水乳剂 1 000 倍液和 50% 噻虫胺悬浮剂 6 000 倍液；也可选择 60% 吡唑醚菌酯·代森联水分散粒剂 1 500 倍液与 5% 阿维菌素水分散粒剂 5 000 倍液混用，防治这一时期的各种病虫害。

（3）果实临套袋，树上悬挂金纹细蛾和桃小食心虫性诱芯，诱杀 2 种害虫的雄成虫，数量各为 5 枚 / 667m^2。

4.4.5 果实膨大期（6 ～ 9 月）

防治对象：苹果褐斑病，苹果白粉病，苹果轮纹病，苹果炭疽病，苹果炭疽叶枯病，苹果斑点落叶病，金纹细蛾，苹果卷叶蛾，苹果黄蚜，梨小食心虫，山楂红蜘蛛，星天牛，梨网蝽。

防治技术：

（1）6 月中旬，树上喷雾 1 : 2.5 : 200 倍波尔多液 1 ～ 2 次，间隔 20 d。

（2）6 月中旬，天牛成虫发生期人工捕捉，或喷洒 2% 噻虫啉微囊悬浮剂 1 000 倍液。

（3）褐斑病零星发生时，选择 430g/L 戊唑醇悬浮剂 3 000 倍液，或 25% 丙环唑乳油 2 500 倍液，或 19% 啶氧·丙环唑悬浮剂 2 000 倍液；或混用 250g/L 吡唑醚菌酯乳油 2 000 倍液和 430g/L 戊唑醇悬浮剂 3 000 倍液。连喷 2 次，间隔 10 d。

（4）当百叶螨量达 300 头以上，选择 DB61/T 1047.4—2016 中杀螨剂防治。

（5）当百叶害虫的幼虫数量达到 2 头以上，选择 DB61/T 1047.4—2016 中的药剂防治金纹细蛾等害虫。

（6）去袋后遇雨，果面喷药防治苹果轮纹病、苹果炭疽病、苹果斑点落叶病发病，药剂选择 10% 苯醚甲环唑水分散粒剂 2 500 倍液，或 10% 多抗霉素可湿性粉剂 800 倍液，或 40% 咪鲜胺水乳剂 1 000 倍液。

4.4.6 果实采收后至落叶期（10 ～ 12 月）

防治对象：苹果腐烂病，苹果枝干轮纹病，苹果卷叶蛾，苹果黄蚜，山楂红蜘蛛。

防治技术：

（1）沟施或穴施有机肥，按 DB61/T 1047.4—2016 要求用。

（2）10 月下旬，混用 80% 必备可溶性粉剂 500 倍液（或 46% 可杀得 3 000 水分散粒剂 1 000 倍液）和 480g/L 毒死蜱乳油 800 倍液树上喷雾。

（3）根据当地气候，赶土壤封冻前树干涂白防冻。

第八章

有机苹果生产中病虫害防治技术

　　有机苹果是根据有机食品种植标准和生产加工技术规范而生产的，经过有机食品颁证组织认证并颁发证书的苹果。在苹果的生产和加工过程中一切人工合成的化学物质，诸如农药、化肥、除草剂、合成色素、激素等绝对禁止使用。

　　有机苹果纯天然、无污染，不仅优质、营养丰富，更重要的是安全，能够保障消费者的身体健康。目前少数发达国家在快速发展有机苹果，而且已形成有一定市场规模的消费群体。

　　我国的有机苹果生产目前处于起步和探索阶段，国家已制定颁布了相关的适应于有机苹果生产过程质量控制和病虫害管理的技术标准。如 GB/T 19630.1-19630.4—2011 有机产品；NY/T 2411—2013 有机苹果生产质量控制技术规范。

　　苹果病虫害种类繁多，特征各异，相加为害普遍，在周年生产中往往要反复采取多项措施，特别是对化学农药的应用，所以病虫害一直是影响苹果生产的最大技术障碍。由于有机苹果生产中禁用化学农药，这使得本来就不易防治的病虫害，在有机苹果中难度将更大，而且还会面临着新的病虫害发生带来的风险。基于有机苹果园病虫害防治的强制性方法要求，有机苹果生产中病虫害的防治必须从培育良好的果园生态系统出发，强壮树势、加强栽培管理，提高树体综合抗病能力，营造自然天敌生存和繁衍的良好环境，发挥天敌的自然控制作用，要贯彻预防为主的策略，采用农业的、生物的以及物理的防治措施，在病虫害发生的关键时间节点辅以植物源或矿物源药剂，将病虫害控制在低水平阶段。

一、果园生态环境保护与治理

1. 果园土壤保护

有机苹果生产对产地土壤的质量要求，按照 NY/T 2411—2013 有机苹果生产质量控制技术规范规定，应符合 GB 15618—2008 中的二级标准，即：总镉 ≤ 0.8 mg/kg，总汞 ≤ 1.5 mg/kg，总铅 ≤ 80 mg/kg，总砷 ≤ 25 mg/kg，总铬 ≤ 250 mg/kg，总铜 ≤ 200 mg/kg，总镍 ≤ 100 mg/kg，总锌 ≤ 300 mg/kg，总硒 ≤ 3.0 mg/kg，总钴 ≤ 40 mg/kg，总钒 ≤ 130 mg/kg，总锑 ≤ 10 mg/kg。果园产地，要严格遵守这一规定管好土壤，不向其中排放工业三废，不丢弃生活废弃物，不滥用肥料，不滥用化学改良剂，不滥用塑料薄膜，以杜绝对果园土壤造成 2 次污染。

2. 有机肥及生草养地

肥沃健康的土壤是强壮树势、提升树体抗病能力的基础。每年要在果实采收前的 9 月下旬沟施优质的腐熟有机肥，同时根据土壤测肥和叶分析结果，补充不足的磷、钾矿物源及微量元素，养根壮树，以保障来年苹果树的健壮生长。有机肥的施肥量以斤果斤肥为标准。果实采收后，采用有机覆盖技术，利用秸秆等材料覆盖到树盘下土壤表面，一方面保水保墒，另一方面可以逐渐向土壤提供有机养分，也防止害虫侵入土壤。果园生草，能够提高土壤有机质和氮素含量，能改善土壤结构和理化性质，也能防止地表土肥水流失。当草生长到 30cm 左右时留 2～5cm 刈割，还能进一步提高土壤有机质。土壤培肥，还要重视微生物菌肥的应用，这类肥料系人工繁育的众多有益微生物的集合体，不但富含多种有机和无机养分，而且包含大量多种类功能微生物，既能活化土壤营养元素，提高土壤养分，还能补充土壤中有益微生物的不足，增强防病防虫抵抗有害微生物的能力。

3. 果园环境治理与培育

要加强果园及周边环境管理，提高生境多样性，增加天敌的种类和丰富度。

果园生草，能够极大地改善果园生态环境，为天敌提供良好的栖息场地，增加天敌的种类和丰富度。目前在渭北黄土高原果区适宜种植红三叶、紫花苜蓿、白三叶、黑麦草、百脉根、草木樨等，尤其是将紫花苜蓿与黑麦草按 2:1 比例混播混栽，更有利于提高天敌的种类和数量，对苹果园害虫的控制作用也最好，试验结果显示，紫花苜蓿与黑麦草的混栽较单一种植，明显提高了果园物种的丰富度和多样性指数，也提高了对蚜虫类、红蜘蛛类和鳞翅目类害虫的控制效果，其最低提高效果在 34.83% 以上。不同的果园，可根据自身条件，尽可能地加强果园周边生境多样性建设，在地边、行间适度栽植尽可能多的蜜源植物，招引小花蝽、瓢虫、草蛉、捕食性蓟马等更多的天敌迁徙和栖息，克服天敌与害虫在发生时间上的脱节现象，为果园提供源源不断的天敌。调查发现，果园行间及周边植物种类多样性越高，蜜源植物越丰富，该果园天敌的发生期就提前，天敌的种类也就多，天敌发生的持续时间也越长。还要加强果园周边环境中有益植物的保护，杂草夏至草和泥胡菜与果园紫花苜蓿搭配、会使小花蝽等捕食性天敌数量增加，种群稳定。果园周围的杨树和榆树有诱集金龟子的作用。果园旁边的马铃薯对红蜘蛛有趋避作用，油菜能减轻棉铃虫的为害。只要不对果园带来负面影响，就允许存在。

要严格果园灌溉管理，反对大水漫灌，提倡滴灌，实行总量控制原则，避免单次补水过多，以影响果园小气候和土壤湿度，进而影响病虫害的发生。

要洁净果园地面，在冬季或休眠期要尽可能地清扫落叶，配合冬剪及时剪除病虫枝，摘除病虫果，清理地面落果和烂果，刮除主干老翘皮，尽可能地将病虫从其越冬场所清除干净，以降低病虫的越冬基数，减轻下一个生长季的危害压力。

4. 加强果园栽培管理，适量负载

要根据树龄、树的长势和结果状况，合理调整树的种植密度和枝量。要保证果园有一个良好的通风透光环境，使正午时分树冠的透光率达到 25% 以上，否则，就要及时调整，采用间伐、疏除枝干等措施进行合理修剪整形，使果园小气候有一个合理的湿度范围，避免湿度过高后利于病原菌孢子的萌发和侵染，从而导致病害发生。负载量是影响果树高产、稳产及寿命的重要因素。果树负载量适宜，则树生长健壮，果大质佳，挂果年限更长，相反，树势衰弱，大小年结果，抗病能力变差，病害加剧，果园提早丧失生产能力。负载量受品种、树龄、树势、气候等综合影响。一般按叶果比法或枝果比法确定负载量，对于中型果品种，一般叶果比为（30～40）:1，枝果比为（2～3）:1。

二、病害控制

在生产有机苹果中，会遇到与常规苹果生产相同或相近的病害

种类，诸如枝干病害有苹果腐烂病、苹果轮纹病、苹果干腐病；叶部病害有苹果锈病、苹果白粉病、苹果褐斑病、苹果斑点落叶病、苹果炭疽叶枯病、苹果花叶病；果实病害有苹果轮纹病、苹果炭疽病、苹果锈果病、苹果花脸病；以及生理性缺素病等。针对有机苹果生产中病虫害防治，就是要在做好长期或前期果园土壤及环境工作的基础上，在提高树势及树体抗病力的基础上，选择农业的和生态调控措施开展预防，在关键时节再辅以矿物源或生物源药剂将病害控制在最低水平。

1. 清园

落叶开始后全树喷洒 1 次倍量式波尔多液 150 倍液，在休眠期细致剪除病虫枝、病果苔、干僵果，清扫地面残枝落叶，集中深埋。彻底刮除主干、大枝上的老翘皮及腐烂病斑、轮纹病瘤，剪口及伤口涂抹 5 °Bé 的石硫合剂。树体发芽前全园喷洒 4～5 °Bé 的石硫合剂。

2. 生长期药剂保护

苹果落花后，全园喷洒 5% 氨基寡糖素水剂 600 倍液 + 寡雄腐霉可湿性粉剂 800 倍液，预防苹果霉心病、白粉病、锈病、轮纹病、炭疽病，诱导树体抗性。疏果后再次喷洒枯草芽孢杆菌菌液或解淀粉芽孢杆菌菌液，预防多种真菌病害。完成套袋后，进入高温雨季，要重点关注苹果褐斑病、苹果斑点落叶病和炭疽叶枯病，可连续使用 2～3 次石灰倍量式波尔多液，或石灰 2.5 倍式波尔多液，每次间隔 20 d 左右。果实撕袋后，针对斑点落叶病、轮纹病，可喷施枯草芽孢杆菌菌液或解淀粉芽孢杆菌菌液 + 寡雄腐霉可湿性粉剂 800 倍液。

3. 物理保护

在 5 月底～6 月初，果实套袋，一方面预防果实轮纹病、炭疽病等病害，另一方面保护果面，提高果实外观商品性。

4. 微生物肥料利用

微生物肥料含有大量有益微生物，可以改善作物营养条件，活化土壤中被弱酸根离子固定而无法利用的元素，更重要的是将有益微生物补充到土壤和果园环境中来增加有益微生物的种类和数量，充当防治病虫害的潜在力量。

三、害虫控制

苹果树害虫涉及为害花、叶片、果实、枝干、根系各个器官的多个种类，为害时期涉及整个生育期。有机苹果生产中害虫的有效控制，要从培育和维护良好的果园生态环境入手，给多种天敌昆虫提供充足的蜜源植物和良好的小生境，招引天敌如小花蝽、瓢虫、草岭、捕食性蓟马等繁殖，仿照自然生态平衡原理，将害虫控制在低密度状态，进一步地根据害虫的生物习性和生物特征，采取有效的物理防治技术和生物防治技术，将害虫控制在不造成经济损失阶段。

1. 培育良好果园生境

良好的果园生境对害虫的防治非常重要，果园内要长期生草，在边角余地尽可能种植花期长的矮干草本植物，或者季节性地再增加蜜源植物，以招引寄生蜂、小花蝽、瓢虫、蚜茧蜂等，同时满足原有天敌对食料的需求，也能缓解或克服天敌与害虫生长发育时间的不一致问题。也可购买商品化的赤眼蜂、捕食螨等投放到果园，增加天敌种类和数量，以控制鳞翅目、鞘翅目害虫及红蜘蛛。

2. 搞好果园卫生，控制害虫越冬虫口

休眠期要及时剪除卷叶蛾的虫枝，清扫携带有金纹细蛾虫蛹的落叶，结合刮治腐烂病疤、轮纹病瘤，同时刮除主干老翘皮，清理在其中越冬的苹小卷叶蛾越冬茧、旋纹卷叶蛾越冬蛹等，为来年营

造出低虫口害虫环境。

3. 生长期综合防治

（1）杀虫灯诱杀成虫。5月份后，每天傍晚开启黑光灯或频振式杀虫灯，诱杀具有趋光性的铜绿金龟子、东方金龟子、棉铃虫、舟形毛虫等成虫。

（2）果实套袋。5月下旬后及时给果实套袋，预防桃小食心虫、梨小食心虫等蛀果害虫。

（3）喷施生防菌剂。进入5月份后，全园喷洒8 000IU/μL苏云金杆菌（BT）悬浮剂200倍液，预防食心虫、尺蠖、棉铃虫、毛虫等鳞翅目、鞘翅目和半翅目害虫，间隔2周后再喷1次。

（4）悬挂性诱剂。分别在4月中旬、4月底和5月下旬，在苹果园悬挂梨小食心虫、苹小卷叶蛾、桃小食心虫和金纹细蛾性诱芯，每667 m²果园各挂5枚，悬挂高度以距地面1.5m为宜。间隔1月后，根据田间虫情可更换1次诱芯，能够很好地诱杀其雄成虫，高效地防治梨小食心虫、苹小卷叶蛾、桃小食心虫和金纹细蛾。

（5）药剂防治。田间发生黄蚜危害时，可选择0.5%苦参碱水剂800倍液或97%矿物油150倍液喷雾防治，亦可两种药剂混合，即0.5%苦参碱水剂1 000倍液+97%矿物油200倍液喷雾，有明显的增效作用。

四、螨类防治

螨类是苹果园常见的一类多足动物，为害叶片，常称叶螨，主要有山楂叶螨、苹果全爪螨和二斑叶螨，不同区域，不同果园，发生的可能是其中一种，也可能是两种，或三者皆有。叶螨通常在5～8月的高温旱季，大量发生，给苹果生产带来严重威胁。叶螨的发生受气候因素、越冬基数、苹果树生长状况和天敌因素的综合影响，越冬虫口基数大，当年发生为害的可能性就大。5～8月份，天气干旱，特别是持续性干旱会导致叶螨的猖獗发生。果园环境良好，周边生境及园内蜜源植物种类多样，瓢虫、捕食螨、捕食性蓟马、草蛉等天敌数量多，叶螨就不易成灾。控制叶螨为害的关键在于：花芽膨大期控制叶螨的虫口数量，全生育期保护和利用天敌，高温旱季在叶螨初现期辅以药剂治疗。

1. 压低害螨越冬虫口

每年的8月下旬，在苹果主干中下部绑缚诱虫带，或瓦楞纸板或草把，诱杀即将越冬的山楂叶螨和二斑叶螨，次年3月份前取下烧毁。早春结合刮治腐烂病和轮纹病瘤，刮除老翘皮，消灭越冬的苹果全爪螨越冬卵。

2. 维护良好果园环境

良好果园环境不但要培育，更要注意维护，以保证其持续发挥作用。要重视果园行间及果园周边蜜源植物养护管理，根据其长势，随时给予肥水、剪修和除草，保障其在果园的长期存在，保障多种天敌的栖息。

3. 药剂防治

高温旱季，当百叶螨量达到200头后，可选择0.5%苦参碱水剂300倍液，或0.1°Bé的石硫合剂进行防治。